Christian SEKIMONYO SHAMAVU
Puissant MIGISHA BIZIMUNGU

Problemas com o gás do Lago Kivu

Christian SEKIMONYO SHAMAVU
Puissant MIGISHA BIZIMUNGU

Problemas com o gás do Lago Kivu

estudo comparativo com a erupção límnica do lago NYOS nos Camarões em 1986

ScienciaScripts

Imprint
Any brand names and product names mentioned in this book are subject to trademark, brand or patent protection and are trademarks or registered trademarks of their respective holders. The use of brand names, product names, common names, trade names, product descriptions etc. even without a particular marking in this work is in no way to be construed to mean that such names may be regarded as unrestricted in respect of trademark and brand protection legislation and could thus be used by anyone.

Cover image: www.ingimage.com

This book is a translation from the original published under ISBN 978-620-6-69609-4.

Publisher:
Sciencia Scripts
is a trademark of
Dodo Books Indian Ocean Ltd. and OmniScriptum S.R.L publishing group

120 High Road, East Finchley, London, N2 9ED, United Kingdom
Str. Armeneasca 28/1, office 1, Chisinau MD-2012, Republic of Moldova, Europe
Printed at: see last page
ISBN: 978-620-7-96470-3

Conteúdo

EPIGRÁFICO

*21 de agosto de 1986: na noite de lua cheia, num vale remoto do noroeste
dos Camarões, morrem quase dois mil homens, mulheres e crianças. Centenas de
galinhas, babuínos, zebus e aves também morrem, enquanto as cabanas e as
palmeiras permanecem estranhamente intactas.*

Frank Westerman, 2015

RESUMO DO TRABALHO

As elevadas concentrações de gases dissolvidos no lago Kivu não nos deixaram indiferentes à catástrofe ocorrida no lago Nyos em 1986, uma erupção límnica num lago meromítico como o lago Kivu.

No entanto, para realizar o nosso estudo, utilizámos meios científicos, incluindo objectivos. O objetivo geral era saber se uma erupção calcária é possível no Lago Kivu, e os objectivos específicos foram formulados da seguinte forma: identificar as possíveis consequências de uma erupção calcária no Lago Kivu; elaborar um plano de gestão e prevenção dos riscos e das catástrofes de uma erupção calcária no Lago Kivu; e comparar os factores endógenos, exógenos e heterogéneos entre o Lago Kivu e o Lago Nyos no que diz respeito a uma erupção calcária.

Estes objectivos foram acompanhados de métodos, técnicas, instrumentos e materiais de recolha, análise e interpretação dos resultados, incluindo os seguintes métodos: observacional, fenomenológico, empírico, histórico, analítico, comparativo, estatístico e descritivo; técnicas como: documental, entrevista, inquérito e questionário, focus group, deteção remota, sísmica, análise crítica, modelação e simulação, gravimétrica, análise de caso, disign, longitudinal, transversal, correlação e por fim a técnica de Gamma Ray e por fim materiais e ferramentas como: GPRS, GPS, onda P e S, bússola, sistema Telematix, SIG, ArcGis, Sismógrafo e gravímetro.

Discutimos a apresentação, interpretação e discussão dos resultados, incluindo os resultados do inquérito, da investigação e da análise. Os resultados do nosso inquérito confirmam a nossa **primeira hipótese** na Tabela 15 de que a erupção límnica no Lago Kivu é possível para 100% dos inquiridos. Todas as nossas hipóteses foram confirmadas.

É claro que, dado que o Lago Kivu é um lago mortífero, este trabalho contém propostas para um plano de prevenção e gestão de riscos e catástrofes. Assim, formulámos um projeto de prevenção dos riscos de erupção límnica do lago Kivu.

Palavras-chave: meromíctica, erupção límnica, gás dissolvido, risco e catástrofe

INTRODUÇÃO

0.1. Estado da questão

[31][91]O Lago Kivu está situado na África Central, no Vale do Rift da África Oriental (Klaus Tietze, 1981, p36) C I, na fronteira entre a República do Ruanda e a República Democrática do Congo (Kling et al., 2007, p5) . Está ligada ao Lago Tanganica pelo rio Ruzizi, que foi obrigado a mudar de direção devido às erupções vulcânicas da cadeia de Virunga. [8]Em consequência, a sua ligação com os outros lagos do norte foi completamente cortada e as suas águas foram transferidas da bacia do Nilo para a bacia do Congo (Beadle, 1981, p.476) .

[14]O Lago Kivu distingue-se dos outros lagos africanos pela sua origem teto-vulcânica, a sua altitude, a sua morfologia e a sua estratificação permanente devido às suas propriedades físico-químicas (Degens et al., 1973, p49) . O carácter único do Lago Kivu valeu-lhe uma notoriedade mundial devido à sua camada de inversão térmica, à grande quantidade de gases dissolvidos e aos perigos de erupções límnicas (Jean Modeste M., 2022, p3) [74].

[61][33][3]Este lago é invulgar na medida em que as suas águas profundas contêm uma enorme quantidade de gás (ECHO, 2003, p5); as águas profundas do Lago Kivu no Rift da África Oriental contêm ~60 km de metano dissolvido e ~300 km de dióxido de carbono dissolvido (Alfred Wüest et al., 2009, p3) .

Este gás é, por conseguinte, um dos principais recursos naturais do lago, mas constitui também um perigo potencial para os seus habitantes (ECHO, 2003, p. 5-6) [61]. [90]TIETZE et al, (1999, p20) , afirmam que o lago Kivu é o maior reservatório natural de gás metano do mundo e que as suas águas profundas contêm grandes quantidades estimadas entre 63 mil milhões e 50 mil milhões de metros cúbicos. Estima-se que cerca de 40 milhões de toneladas de equivalente de petróleo se encontram sob 250 m de água no fundo do lago.

[38][3]Segundo Michel Halbwachs et al, (2002, p.28) , o recurso em causa é estimado em 65 mil milhões de m ou 50 milhões de toneladas de equivalente petróleo. E M. Schmid et al, [36][33](2009, p. 15) acrescentam que enormes quantidades de gás se acumularam no local durante centenas de anos; cerca de ~300 km de dióxido de carbono (CO_2) e ~60 km de metano (CH_4) estão retidos nas águas profundas do lago (volume de gás a 0°C e 1 atm); e o relatório de Kling et al. [91](2007, p5) , estima que o Lago Kivu pode entrar em erupção, como aconteceu nos Camarões no Lago Nyos em 1986 e no Lago Monoun em 1984.

[02]No entanto, estudos realizados por Philippe Lecrenier na Universidade de Liège mostraram que estes dois gases estão retidos nas camadas profundas do lago (www.reflexions.uliege.be/cms/c_340052/en.les-secrets-du-lac-kivu, acedido em 20 de junho de 2023 às 11h20) [1 1.

O risco de uma erupção límnica no lago Kivu deve ser tido em conta. [15][87]O lago deve ser desgaseificado o mais rapidamente possível ou o metano extraído (François Misser, 2014, p81); e ABAKIR, (2020, p63) acrescenta que, no seu estado estático, o lago é estável e inofensivo. No entanto, uma perturbação importante proveniente da atividade vulcânica do Nyiragongo na margem norte do lago ou de cones vulcânicos submarinos poderia provocar a subida de águas profundas carregadas de gás dissolvido.

[56]A ex-solução do CO_2 dissolvido na água pode ocorrer num espaço de tempo muito curto, na sequência da supersaturação de CO_2 no lago, o que pode conduzir a uma catástrofe natural, como a erupção límnica no lago Nyos (Camarões, África) em 1986 (Zhiwei Cui et al., 2020 p.115).

[89]Em agosto de 1986, numa região remota do noroeste dos Camarões, uma erupção de dióxido de carbono dizimou num instante toda a vida animal até vinte e cinco quilómetros a jusante de um lago de origem vulcânica. Foi então que descobrimos que a natureza, cujo arsenal destrutivo julgávamos conhecer bem, podia também desencadear uma "guerra de gás" contra o homem (Jean-Christophe SABROUX, 2016, p1).

A concentração de CO_2 no fundo do lago continua a aumentar após a erupção, enquanto a distribuição da temperatura permanece inalterada (Zhiwei Cui et al., 2020 p.116) [56].

0.2. Problemas

[38]Segundo Michel Halbwachs, o lago Kivu é potencialmente perigoso, contendo mil vezes mais gás dissolvido do que o lago Nyos, e poderia provocar uma emissão gasosa se as suas águas estratificadas fossem desestabilizadas da mesma forma que uma erupção límnica (M. Schmid et al., 2004, p117).

Para desenvolver este estudo, propusemo-nos responder às seguintes questões:

1. É possível uma erupção calcária no Lago Kivu?
2. Quais seriam as consequências de uma erupção calcária no lago Kivu?
3. Como gerir e prevenir os riscos e as catástrofes decorrentes da erupção límnica do lago Kivu?
4. Quais são os factores endógenos, exógenos e heterogéneos comparativos entre o Lago Kivu e o Lago Nyos no que diz respeito à erupção calcária?

0.3. Pressupostos

Tendo em conta estas questões de investigação, chegámos às seguintes respostas provisórias:

1. É possível que ocorra uma erupção calcária no Lago Kivu
2. As consequências da erupção límnica seriam: a morte de espécies animais
3. Afastar a população da zona de alto risco seria a melhor forma de gerir os riscos; isolar a zona afetada pelas emanações de gás e tentar encontrar os sobreviventes seria uma solução para gerir a catástrofe; desgaseificar o Lago Kivu evitaria os riscos e extrair o gás metano evitaria a catástrofe.
4. Os factores endógenos comparativos entre os dois lagos seriam as elevadas concentrações de gases dissolvidos (convergência) e o facto de o lago Kivu conter mil vezes mais do que o lago Nyos antes da catástrofe (divergência). O fator exógeno que converge entre o Lago Kivu e o Lago Nyos é a proximidade de zonas vulcânicas e o fator exógeno que diverge é o fluxo de lava vulcânica. O Lago Nyos e o Lago Kivu convergem no desequilíbrio tectónico de Planck e divergem na erupção vulcânica interior.

0.4. Objetivo do estudo

O principal objetivo deste trabalho é descobrir se é possível uma erupção límbica no Lago Kivu.

Os objectivos específicos deste estudo são :

- Identificar as possíveis consequências da erupção límnica do lago Kivu;
- Elaboração de um plano de gestão e de prevenção de catástrofes para a erupção límnica do lago Kivu;
- Comparação dos factores endógenos, exógenos e heterogéneos entre o Lago Kivu e o Lago Nyos no que diz respeito à erupção calcária

0.5. Escolha e interesse do sujeito

A nossa escolha deste tema justifica-se pelo facto de existir o risco de uma erupção límnica no lago Kivu.

Acontece que este estudo tem vários interesses: pessoais, científicos, económicos, filantrópicos e administrativos. Daí que ;

> Pessoalmente, este estudo permitir-nos-á, enquanto engenheiros do petróleo, contribuir eficazmente para identificar as consequências de uma erupção calcária no Lago Kivu, identificar um método de gestão e de prevenção desta catástrofe e, por fim, comparar os factores endógenos, exógenos e heterogéneos entre o Lago Kivu e o Lago Nyos no que diz respeito à erupção calcária.

> Do ponto de vista científico, este estudo constitui um banco de dados para os cientistas que pretendam desenvolver estudos e investigações na mesma direção do tema em estudo.

> Do ponto de vista económico, a exploração atual deste gás poderia gerar importantes benefícios financeiros que seriam benéficos para o desenvolvimento socioeconómico de dois países (RDC e Ruanda), uma vez que este estudo propõe como possíveis soluções a exploração do metano, a desgaseificação do lago e a recuperação do CO_2; soluções que gerarão milhões em divisas.

> A nível filantrópico, o nosso estudo visa, antes de mais, a tranquilidade e a segurança da população. Os habitantes locais poderão viver com a garantia de que não haverá risco de erupção límnica.

> A nível administrativo, as autoridades administrativas disporão então de um plano de gestão e de prevenção da erupção límnica do Lago Kivu.

0.6. Âmbito do estudo

O nosso estudo foi efectuado no Lago Kivu, no Kivu Norte, em comparação com os dados do Lago Nyos, nos Camarões, em 1986.

0.7. Subdivisão do trabalho

Para além da introdução e da conclusão, esta investigação está dividida em quatro capítulos:

- O primeiro capítulo trata de considerações de carácter geral;
- O segundo capítulo trata da metodologia de investigação;
- O terceiro capítulo trata da apresentação e interpretação dos resultados.
- O quarto capítulo propõe um projeto para prevenir os riscos de uma erupção límnica no lago Kivu.

CAPÍTULO I

Considerações de carácter geral

O objetivo deste capítulo é apresentar o quadro concetual do tema em estudo e a apresentação do nosso ambiente de estudo, que é o Lago Kivu, descrevendo ao mesmo tempo as caraterísticas úteis para a limnologia deste lago e uma breve panorâmica do Lago Nyos nos Camarões, no Kivu do Sul e na região Noroeste.

1.1. Quadro concetual

1.1.1. Definições de conceitos

a. Questões :

É o conjunto de problemas relativos a um assunto. [1](Dicionário Universal, 2010, p.1014) [8 1. É também o conjunto de questões que uma ciência ou filosofia se coloca em relação a um determinado domínio (Petit Larousse en couleurs, 1988, p800) [83].

b. Gás :

[81]Substância impalpável que tende a ocupar todo o recinto em que está contida; fluido expansível e compressível cujas moléculas, exercendo apenas forças muito fracas umas sobre as outras, podem mover-se livremente umas em relação às outras (Dictionnaire universel, 2010, p. 545) .

c. Lago :

[83]Grande massa de água interior, geralmente de água doce, frequentemente classificada de acordo com a sua origem (tectónica, glaciar, vulcânica, etc.) (Petit Larousse en couleurs, 1988, p. 570).

d. Estudo :

Atividade intelectual pela qual alguém se aplica a aprender a conhecer; esforço intelectual aplicado à aquisição ou ao aprofundamento de tal ou tal conhecimento. É também uma obra literária ou científica sobre um assunto que foi estudado (Dictionnaire universel, 2010, p467) [811.

É um trabalho em que se apresentam os resultados de uma investigação (Dictionnaire Larousse junior, 2009, p388) [82].

e. Comparativo :

[81]Usado para comparar, envolver ou formular comparações (Dictionnaire universel, 2010, p265) .

f. Estudo comparativo :

[16]É uma abordagem de investigação que se centra na comparação de semelhanças e diferenças entre fenómenos sociais, a fim de descobrir os factores ou condições que acompanham a emergência de um fenómeno social específico ou de um padrão de comportamento (Friedrich Ebert, 2016, p17) .

O estudo comparativo é também a operação reflexiva pela qual se estabelecem as semelhanças e as diferenças entre dois factos. (J. Freyssinet-Dominjon, 2008, p13) [73].

g. Erupção :

[82]Uma erupção é o derramamento violento de lava, gás ou cinzas da cratera de um vulcão (Dictionnaire Larousse junior, 2009, p378) .

Do latim *"eruptio"*, do supino de *"erumpere"*, de *ex-* "fora de", e *rumpere* "romper", erupção é uma saída ou emissão súbita (do que estava encerrado). (Le Grand

Robert, 2005, versão eletrónica) [84].

h. Limnique :

[85]Limnique vem do grego *limnê* [pântano, lago]; aplicado a bacias continentais, pantanosas ou lacustres, seus sedimentos, fauna, flora, etc. (S.A, p187) . [106](www.lerobert.com) .

i. Erupção límnica :

[86]Uma erupção límnica é um tipo de erupção vulcânica caracterizada pela desgaseificação súbita das águas profundas de um lago meromítico, libertando gases vulcânicos (CO_2, CH_4) emitidos continuamente por um vulcão e acumulados durante muitos anos nas camadas profundas do lago (ARRICAU Victor, 2020, p16) .

Uma erupção límnica é uma erupção explosiva que ocorre em grandes volumes de água estagnada com uma solução de CO_2 (Zhiwei Cui et al., 2020, p115) [56].

j. Lago meromítico :

Um lago meromítico é um tipo de lago composto por duas camadas de água (mixolimnion e monimolimnion). [74][57](Jean M., 2022, p1) ; ou seja, as suas águas raramente se misturam (Aurélien Augier, 2021, p5) .

Um lago meromítico é aquele em que as águas superiores são oxigenadas, ao contrário das águas inferiores anóxicas. Estas águas nunca se misturam e estão separadas por uma quimioclina a uma profundidade de 60 metros (ARRICAU Victor, 2020, p16) [86] .

1.1.2. Revisão da literatura

1.1.2.1. Gás do Lago Kivu

O Lago Kivu é de interesse para muitos investigadores porque é o maior digestor natural de algas de água doce que produz biogás no mundo. É também um grande reservatório de dióxido de carbono dissolvido e metano na África Oriental (Hirslund e Morkel, 2020; e B "arenbold et al., 2020 citado por Jean Modeste, 2022, p3) [74].

O lago Kivu é único no mundo: as suas águas profundas contêm uma enorme quantidade de gás dissolvido. [3]O lago é o maior reservatório de gás metano conhecido até à data (66 mil milhões de metros, dos quais 55 mil milhões de metros se estimam exploráveis). "Este maná energético, se explorado, daria ao país uma fonte de energia quase inesgotável, permitindo-lhe deixar de se preocupar com as necessidades energéticas associadas aos projectos de desenvolvimento" (F. BIKUMU, 2005, p. 4) [88]. Estas reservas são discriminadas pelos peritos de "data environnement" como mostra o quadro 1 (Michel Halbwachs em *data environnement*).

Tabela 1. *Estimativa da capacidade de metano contida em cada camada*

	Profundidade	[3]Volume de água (km)	[3]Volume de metano (km)
IRZ	60m - 160m	176	7
PRZ	190m - 260m	138	13
URZ	260m -310m	49	16
LRZ	310m - 485m	74	30
Total		**437**	**66**

Fonte: Data environnement [96]

O programa histórico de medição da concentração de gases no lago Kivu começou em 1935, quando Damas mediu a concentração de dióxido de carbono (CO_2) e de sulfureto de hidrogénio (H_2S). Durante a sua análise, mais de metade do CO_2 recolhido foi perdido para a atmosfera (Damas, 1938, p125) [2°]. A equipa seguinte, dirigida por Schmitz e Kufferath, registou as primeiras concentrações de CH4 e CO_2 entre 1952 e 1954. [37]Ao contrário da primeira análise de Damasco, esta equipa analisou apenas a quantidade de gás desgaseificado e negligenciou a quantidade de gás dissolvido que permanecia na água (Schmitz e Kufferath, 1956, p56) . Seguiu-se a medição efectuada por Tietze. [76]Este foi o primeiro estudo exaustivo das concentrações de gás dissolvido e estimou a concentração de metano (CH_4) e CO_2 em condições atmosféricas padrão de temperatura e pressão a 30° km3 e 6° km3, respetivamente (Tietze, 1978, p72) . Mais tarde, com base em medições actualizadas publicadas por et al (2005), sugeriu-se que as concentrações de metano no Lago Kivu tinham aumentado 15% desde 1974. Na sequência desta sugestão, era importante que as concentrações de gás no lago fossem geridas.

[3]As reservas exploráveis na bacia principal do lago Kivu ascendem a 55 mil milhões de Nm de metano, o equivalente a cerca de 470 milhões de toneladas de gasolina. [3]Explorando esta jazida a um ritmo de 500 milhões de Nm/ano, ou seja, o equivalente a 4,25 milhões de toneladas de gasolina/ano, a vida da jazida seria de 110 anos (F. BIKUMU, 2005, p4) [88].

Figura 1: Concentração de CO_2 ***e CH4 no Lago Kivu***

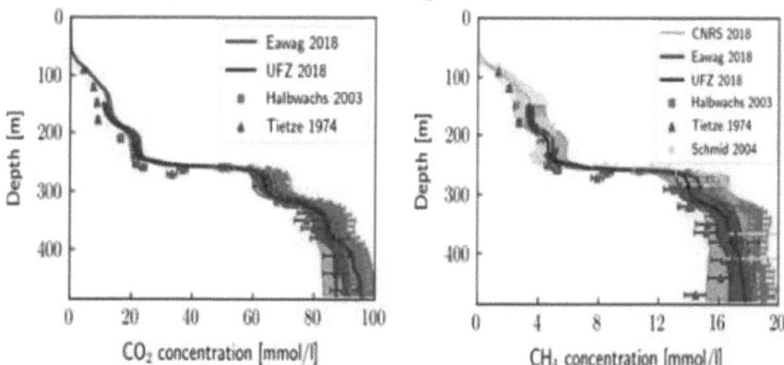

O gráfico da esquerda mostra as alterações dos perfis verticais de CO_2 ***no Lago Kivu; o gráfico da direita mostra as alterações dos perfis verticais de CH4 no Lago Kivu (Jean Modeste M., 2022).*** [74]

Tendo em conta as enormes quantidades de metano e dióxido de carbono, há boas razões para nos interrogarmos sobre a sua origem e possíveis transformações.

O Lago Kivu contém apenas gás metano e dióxido de carbono, mas também vários outros gases, como mostra o Quadro 2:

Tabela 2. Diferentes gases contidos no Lago Kivu

Gás	Quantidade
Dióxido de carbono (CO_2) (m_3)	270 mil milhões de euros
Metano (CH_4) (m_3)	61 mil milhões de euros
Sulfureto de hidrogénio (H_2S) (m_3)	1 000 milhões

Azoto (N_2) (m_3)	10 mil milhões
Fosfato (toneladas)	10 milhões de euros
Sais (soda, potassa, magnésia, cal) (toneladas)	455 milhões de euros

[17]**Fonte:** G. BORGNIEZ, 1960, p6 C I

1.1.2.2. Hipóteses sobre a formação de CH4 e co2 (W. Deuser et al., 1973, p52) [541]

1. Gás metano (CH4)

Os investigadores (Schurtz, Kuffert, Titze et al.) propuseram uma hipótese sobre o processo de formação do metano. Eles concluíram que o CH4 no Lago Kivu é produzido por dois processos. Por redução de co2 magmático e por oxidação de matéria orgânica por atividade bacteriana.

O primeiro processo contribui com 2/3 da quantidade total de metano formado no lago e é descrito pela fórmula química (EAWAG) :

$$CO_2+2H_2 \rightarrow CH_4+O_2 \qquad\qquad (1.1)$$

Um terço do CH4 é biogénico, ou seja, de origem biológica. Esta é a hipótese mais provável, partindo do princípio que este metano provém da decomposição anaeróbia da matéria orgânica; a equação de equilíbrio é dada por :

$$CH_3COOH \rightarrow CO_2+CH_4 \qquad\qquad (1.2)$$

2. Dióxido de carbono (co2)

O co2 é produzido no lago por atividade vulcânica, portanto provém de fontes hidrotermais que são os catalisadores das reacções químicas com as águas pluviais ácidas que se infiltram no solo. A composição química destes gases é exatamente a mesma que a dos gases provenientes da câmara magmática e que se escapam para a superfície através da chaminé. Para além da atividade magmática, o co2 é produzido: pela decomposição das matérias orgânicas e pela oxidação do metano, segundo a fórmula seguinte:

$$CH_4+O_2 \rightarrow CO_2+2H_2 \qquad\qquad (1.3)$$

A maior parte deste metano é biogénico e recente; teria sido formado por organismos anteriormente classificados como "bactérias metanogénicas" e agora reclassificados como "Archaea", um grupo de procariotas distintos das verdadeiras bactérias e que vivem em águas anóxicas profundas, pertencentes ao pouco conhecido grupo das *crenarquias*. Pensa-se que estas bactérias sintetizaram o metano a partir do dióxido de carbono e do hidrogénio, todos eles abiogénicos (Michel Halbwachs in *data environnement e W.* Deuser et al., 1973, p52) [96] [54].

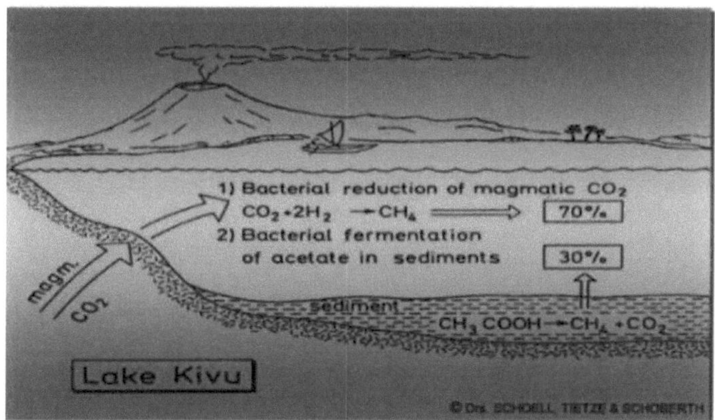

Figura 2: Origem do metano e do dióxido de carbono no Lago Kivu (Tietze et al., 1981) [31].

I.1.2.3. Riscos ambientais

O metano e o dióxido de carbono são os gases com efeito de estufa mais conhecidos (D. BENJAMIN et al., 2017, p4) [59]. O aumento das suas emissões para a atmosfera é a causa do atual aquecimento global. o CO_2 permanece na atmosfera durante cerca de cem anos, enquanto o CH4 permanece apenas durante cerca de doze anos. [10]Numa escala de um século, o metano continua a ser 25 vezes mais potente do que o dióxido de carbono em termos de potencial de aquecimento global (http://inis.iaea.org, consultado em 15/06/2023) [7].

O nível exato de risco é ainda objeto de análise e de discussão, mas o lago Kivu é um dos três lagos identificados a nível mundial como sendo susceptíveis de erupções límnicas graves (lago meromítico); os outros dois são o lago Nyos e o lago Manoun nos Camarões (ECCAS e GFDRR) [58].

Uma erupção límnica pode ser provocada de várias maneiras: a primeira seria uma acumulação e, por conseguinte, uma concentração demasiado grande de gás, que já não se poderia dissolver na água já saturada e que, por conseguinte, subiria à superfície em grandes quantidades, sob a forma de bolhas. Um outro aumento eruptivo de gás pode também ser provocado por um gatilho (como uma erupção vulcânica, um deslizamento de terras ou um terramoto). Uma falha no processo de exploração pode também ser um fator de desencadeamento (Zhiwei Cui et al., 2020, p115) [56].

[96]Este lago contém várias pequenas crateras vulcânicas que constituem a sua superfície inferior, as quais, uma vez activas, criariam ondas de água interna contendo gases dissolvidos, a água subindo a pressões mais baixas e libertando subitamente os gases supersaturados à medida que a pressão descia (Data environnement, consultado em 17/06/2023 às 15h00) .

Quanto mais as águas profundas estiverem saturadas de gás, menos calor será necessário para desencadear uma libertação catastrófica de gás devastador. [6]O aquecimento global pode ser uma fonte antropogénica de agravamento deste risco (aquecimento da superfície de 0,58°C em 30 anos; mas isto também pode ser atribuído à variabilidade climática) (Lorke A., et al., 2004, p779) .

Não há registos de erupções límnicas no Lago Kivu. [95]Mas as lacunas nas camadas de plâncton fóssil no fundo do lago sugerem que esses paroxismos ocorreram várias vezes nos últimos 5.000 anos (http://svt.ac- creteil..fr/?Les-eaux-troubles-du-lac-kivu, acedido em 09/05/2023 às 15:33h) .

Promover o acesso à eletricidade para a maioria da população congolesa e reduzir a procura de lenha no leste da RDC. [112]Os ambientalistas incentivam a exploração do gás metano do lago Kivu (Kivu Power consultado em 20/08/2023 às 11:20) t l.

I.1.2.3. Blocos de gás

Em 2022, o Governo da República lançou concursos para 27 blocos petrolíferos e 3 blocos de gás em todo o país. [101]Os três blocos de gás estão situados no lago Kivu (Ministère des Hydrocarbures consultado em 16/08/2023) t l.

Em janeiro de 2023, o Governo da RDC concedeu a três empresas o direito de explorar os três blocos de gás do Lago Kivu. [101]Trata-se das americanas Symbion Power & Red, para o bloco dito "Makelele", e Winds Exploration and Production LLC (bloco Idjwi), e das canadianas Alfajiri Energy Corporation (bloco Lwandjofu) (Ministério dos Hidrocarbonetos, consultado em 20/08/2023 às 16:00) .

Estes três blocos de gás não são os únicos blocos no Lago Kivu. Existe um outro bloco no Golfo de Kabuno, no Norte do Kivu, que o Governo submeteu à Kivu Power para exploração e desgaseificação.

Quadro 3. Distribuição dos blocos de gás no lago Kivu

Bloco de gás	Entidade administrativa	Proponente
Bloco Makelele	Território de Kalehe/Sul do Kivu	Symbion Power & Red
Bloco de Idjwi	Território de Idjwi/Kivu Sul	Winds Exploration and Production LLC
Bloco de Lwandjofu	Território de Kalehe/Sul do Kivu	Alfajiri Energy Corporation
Bloco Kabuno	Território de Masisi/Norte do Kivu	Energia de Kivu

Fonte: Sekimonyo Shamavu Christian, 2022, p23 [79]

1.2. Ambiente de estudo

1.2.1. Ambiente hidrogeológico

1.2.1.1. Lago Kivu na RDC (Região dos Grandes Lagos)

1.2.1.1.1. Introdução ao Lago Kivu

[2]O Lago Kivu, situado entre a RDC e o Ruanda, cobre uma área de cerca de 2.400 km. [3]Tem uma profundidade máxima de 485 m e um volume total de água de cerca de 580 km. A sua foz é o rio Ruzizi, que corre a norte do lago Tanganica entre Uvira, na República Democrática do Congo, e Bujumbura, no Burundi (E. DEVROEY e R. VANDERLINDEN, 1939, p. 3). A posição do lago Kivu é mostrada na figura 3.

Figura 3: Mapa do Lago Kivu (Google Maps) consultado em 03/08/2023 às 21:00.

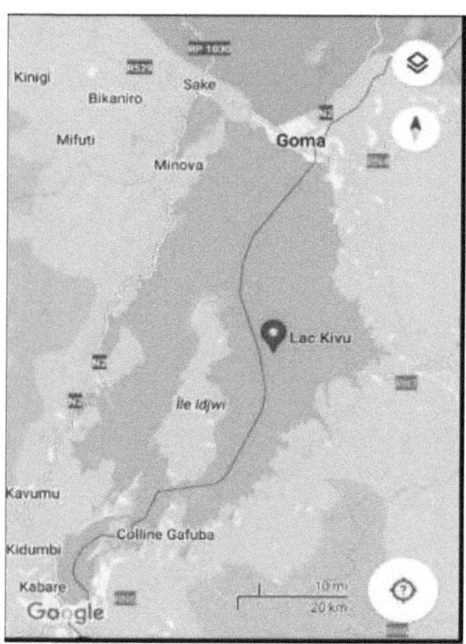

É constituído por uma bacia principal e quatro bacias auxiliares perto de Bukavu, Ishungu, Kalehe e do Golfo de Kabuno, separadas da bacia principal por soleiras lacustres. [76]É um dos quatro grandes lagos do ramo ocidental do Rift da África Oriental (Klaus Tietze, 1978, p36). Situa-se a uma altitude de 1.465 m entre as latitudes 1°34'30 e 2°30' Sul e entre as longitudes 28°50' e 29°25' Este (Klaus Tietze, 1981, p37) [311.

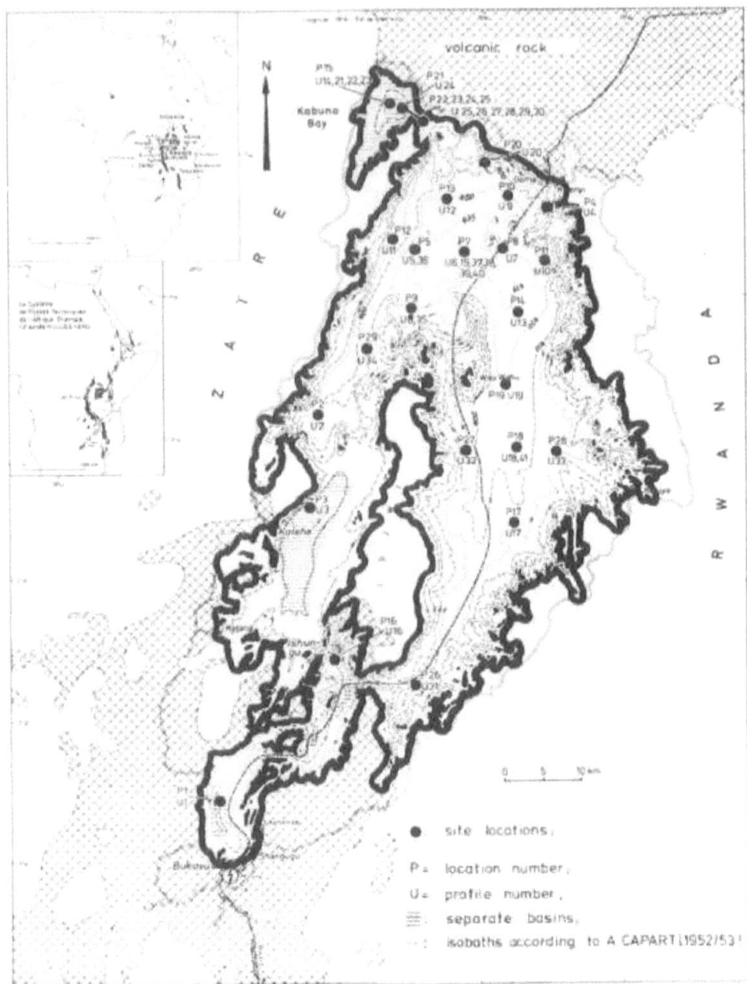

Figura 4. As bacias do lago Kivu (Klaus Tietze, 1981) [27]

[4]O lago Kivu é diferente dos outros lagos africanos devido à sua origem teto-vulcânica, à sua altitude, à sua morfologia e à sua estratificação permanente devido às suas propriedades químicas (Degens et al., 1972, p249) [1 J.

O lago Kivu é uma das jóias de beleza da RDC, com as suas águas de um azul intenso e as suas margens verdejantes e finamente recortadas. Os vulcões pontuam o norte (incluindo o grande Nyiragongo), e o clima salubre e os vários recursos pecuários e agrícolas atraem muitos turistas (E. DEVROEY e R. VANDERLINDEN, 1939, p3).

[2]Com um grande número de ilhas, num total de 150, sendo a IDJWI a maior ilha interior de África, com uma área de 315 km, o Lago Kivu estende-se desde a cidade de Goma e a cidade de Sake, a norte, no fundo do Golfo de Kabuno, até à cidade de

Bukavu, no fundo da Baía de Bukavu, a sul; a distância em linha reta é de 106 km. De leste a oeste, a maior largura, através de Mushao, é de 45 km. [222][60]A superfície da bacia hidrográfica do lago é de 7 300 km, incluindo 2 600 km para o lago e as ilhas, 1 700 km nas encostas orientais do maciço de Kivu e 3 000 km nas encostas ocidentais dos planaltos do Ruanda (Gaju Gakinahe, 1991, p. 310).

1.2.1.1.2. *Origem do Lago Kivu*

Vários processos podem levar à formação de lagos e lagoas. A atividade vulcânica deu origem a alguns lagos de cratera e a glaciação é um dos principais processos responsáveis pela formação de lagos de circo, lagos de degelo no permafrost e lagos de moinho ou de chaleira. Nas regiões áridas, alguns lagos são o resultado da ação do vento. Os rios podem estar na origem de lagos em arco [...] Os deslizamentos de terras e de lamas conduziram à formação de lagos alpinos. Alguns lagos são apenas os restos de lagos maiores formados durante períodos pré-históricos mais húmidos [...]. Os castores e os seres humanos são responsáveis pela formação de lagos artificiais (J. Patrick DUGAN, 1997, p1213) [...].

O Lago Kivu teve origem num proto-lago em meados do Pleistoceno. Pensa-se que este proto-lago esteja ligado à bacia do antigo lago Edward. No final do Pleistoceno (25 000-20000 a.C.), a bacia do antigo lago deveria ter sido bloqueada pela acumulação de lava proveniente das erupções do Virunga. Por volta de 14.000 a.C., esta bacia, isolada do lago e com um nível de água baixo, encheu-se progressivamente, dando origem ao atual lago Kivu. O aparecimento do lago neste preciso momento da história foi datado por especialistas em lagos, conhecidos como limnólogos, e foram efectuados estudos geológicos (Haberyan e Hecky, 1987, p. 172) [22]. [8]Em consequência, a sua ligação com os outros lagos do norte foi completamente cortada e as suas águas foram separadas da bacia do Nilo para a bacia do Congo (Beadle, 1981, p476). É um dos três lagos meromícticos de África.

1.2.1.1.3. *Aspectos geológicos*

[102]As sondagens sistemáticas, efectuadas entre abril de 1935 e fevereiro de 1936 pelo Sr. Damas, graças a subsídios concedidos pelo Institut des Parcs Nationaux du Congo Belge e pelo Fonds National de la Recherche Scientifique, revelaram a maior profundidade do lago, ou seja, 485 m. As sondagens de 266 medições mostraram que o fundo do lago apresenta claramente o relevo de um antigo vale, cujo declive diminui gradualmente de sul para norte, ao mesmo tempo que a profundidade aumenta (http://reflexion.uliege.be).

A composição geológica das margens setentrionais do Lago Kivu contém cerca de centenas de metros de camadas alternadas de cinzas solidificadas e de lava produzidas por dois vulcões activos (Nyiragongo e Nyamulagira) situados perto do lago (Jean Modeste, 2022, p3) [74].

A bacia do Kivu é delimitada a norte pela cadeia de montanhas vulcânicas. Esta barragem vulcânica compreende dezenas de crateras de diferentes tamanhos. As mais majestosas são, da esquerda para a direita, quando vistas do lago: *Tshaninagongo* ou "lugar de tormento", atualmente conhecida como Nyiragongo; entrou em erupção entre 06 de dezembro de 1912 e 04 de janeiro de 1913, novamente em 10 de janeiro de 1977, novamente em 17 de janeiro de 2002 e novamente em 22 de maio de 2021, e tem permanecido ativa desde então: 3.470m; *Nyamulagira*, entra em erupção frequentemente: 3.056m; *Mikeno*, "o nu": 4.437m;

Karisimbi, nome de uma concha de flanco usada como ornamento e cuja cor faz lembrar o manto de neve que o encima; é o ponto mais alto da cordilheira e a sua cratera fica ligeiramente abaixo do cume: 4.507m; *Visoke* ou *Mago*, de forma bastante clássica: 3.711m; *Sabinyo* ou *Sabyinyo* "o pai dos dentes grandes": 3.634m; *Gahinga* "pequeno cume": 3.474m; com duas crateras sobrepostas, e *Mihavura*, que significa "marco", com uma única cratera, transformada em lago. O rio de lava expelido por Nyamulagira chegou ao lago em 15 de dezembro de 1938, após um percurso de cerca de trinta quilómetros. Foi descarregado no lago em vários pontos do Golfo de Kabuno (André MEYER, 1955, p19-22) И.

Figura 5: Cadeia vulcânica do Virunga

Fonte: Ephrem Kamate, 2018, p3 [71]

I.2.1.1.4. Batimetria e limnimetria

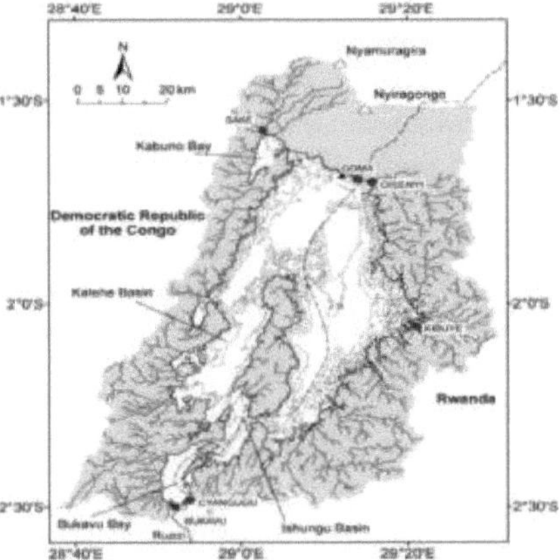

*Figura 6. Mapas batimétricos do Lago Kivu (O mapa mostra as bacias do lago)
(Alberto V. et al., 2014)*[2]

A batimetria consiste em medir as profundidades e o relevo do oceano para determinar a topografia do fundo do mar, enquanto a limnimetria consiste em estudar as variações periódicas da altura do nível dos lagos. Estudos recentes do Lago Kivu efectuados por especialistas da *Data Environnement* resultaram numa cartografia 3D do leito do lago (Data Environnement) [96].

Figura 7. Relevo do fundo do lago Kivu (Fonte: data environnement) [96]

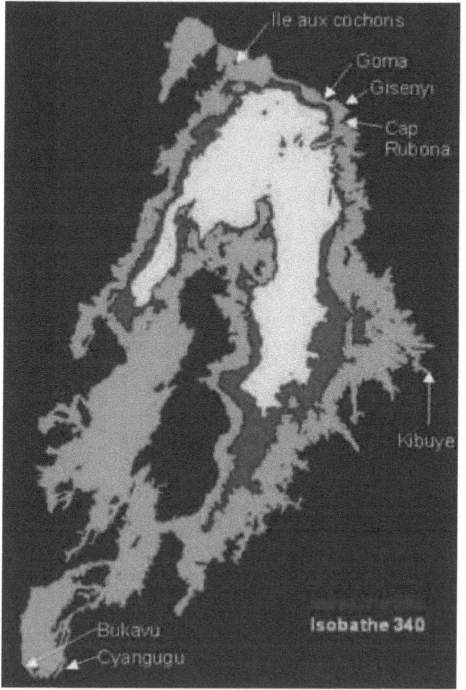

I.2.1.1.5. O clima do lago Kivu

O clima caracteriza-se pela distribuição das estações seca e chuvosa, em conjugação com o movimento aparente do sol. A precipitação média na bacia do Kivu deve rondar os 1.300 mm por ano. Quanto ao regime deste lago, o nível da água do lago sofre três tipos de variações: variações diárias, variações sazonais e variações anuais. Aparentemente, as variações de nível são pequenas: a amplitude total para o período de três anos, de janeiro de 1936 a 31 de dezembro de 1938, foi de apenas 38 cm.

A radiação solar na região de Kivu tem dois máximos equinociais caraterísticos das latitudes equatoriais, mais um terceiro correspondente ao solstício do sul. Este solstício coincide com o periélio (a distância mais curta da Terra ao Sol), o que resulta numa radiação mais intensa. Quanto à temperatura, as condições específicas de humidade relativa e de nebulosidade encobrem, em certa medida, os fenómenos que são a consequência natural dos movimentos sazonais do Sol.

A temperatura média diária varia pouco ao longo do ano: apenas 1° a 2°C. Consoante a estação, a temperatura anual varia entre 16°C (Tshibinda, altitude

2115m) e 21,5°C (Katana, altitude 1500m).

No que respeita às correntes atmosféricas, os ventos dominantes sopram de sul para leste e de sul para sudeste. Levantam-se quase todos os dias pouco antes do meio-dia, agitando a superfície da água. Devido à instabilidade da atmosfera sobre o lago, nomeadamente na altura dos equinócios, podem surgir trombas de água. Têm a forma clássica de um cone duplo, girando e deslocando-se em translação ao mesmo tempo. As correntes de ar permanentes são o vento alísio do norte, a nordeste, e o vento alísio do sul, a sudeste.

I.2.1.1.6. Caraterísticas limnológicas

No Lago Kivu, apenas uma camada superficial limitada de água é misturada. Trata-se, portanto, de um lago meromítico. Tem um elevado teor de sais dissolvidos, o que se reflecte numa elevada condutividade, na estratificação térmica vertical da água e na presença de grandes quantidades de gás metano, estimado em 60 mil milhões de m3 em 1978 (Tietze, 1978) [76]. As águas profundas são desprovidas de oxigénio e são encimadas por uma "biozona" oxigenada.

A temperatura da água à superfície varia muito pouco ao longo do ano. Ela oscila entre 23,1°C e 24,5°C (média 23°C). O perfil térmico é uniforme nas diferentes camadas de água. A temperatura diminui da superfície até cerca de 50m e depois sobe novamente no hipolimnion para atingir 25°C a 400m (Kaningini, 1995) [75] e por vezes 26°C no ponto mais profundo do lago.

Quadro 4. Caraterísticas limnológicas do lago Kivu

Parâmetro	Valor
Altitude (m)[1]	1463
Comprimento (km) [2]	100
Largura máxima (km)[1]	45
Profundidade máxima (m) [1]	485
Profundidade média (m) [1]	245
^{2}Superfície (km) (excluindo ilhas) [2]	2370
^{3}Volume (km)[1]	580
^{2}Superfície da bacia (km) (menos o lago)[1]	5100
$^{3-1}$Precipitação (km .ano)[1]	3,3
$^{3-1}$Afluentes (km .ano)[2]	2,0
$^{3-1}$Evaporação (km .ano)[2]	3,6
$^{3-1}$Escoamento (km .ano)[2]	3,0
Temperatura (°C) epilim. [3]	23,0-24,5
pH [3]	9,1-9,5
Transparência (m) [3]	3,5-6,0
Limite de oxigénio (m) [3]	70
$^{-1}$Condutividade (µs.cm)[3]	1240
$^{-1}$Salinidade (g.L)[3]	1,115

[75](I)MUVUNDJA (2009) [64], (2) CHMID et al, (2010) [32] e (3) KANINGINI (1995) [ ]

A distribuição das propriedades físicas (luz, calor, densidade, turbulência) e químicas (concentração de solutos) confere aos lagos uma estrutura física intimamente ligada à sua morfologia e da qual depende a organização das comunidades biológicas. Como o lago Kivu é meromítico, a sua biozona estende-se até uma profundidade máxima de 70 m, para além da qual a vida aeróbia é impossível. [8][75]Apenas 12% do seu volume total é habitável por peixes (Beadle, 1981 e Kaningini, 1995). $^{2++2+}$Nos lagos meromícticos, a camada profunda, o monimolimnion estagnado, é rapidamente privada de oxigénio e rica em espécies químicas reduzidas (Mn , NH4 , Fe , H2S, e mesmo CH4).

Figura 8. Tendências da temperatura e da densidade no Lago Kivu

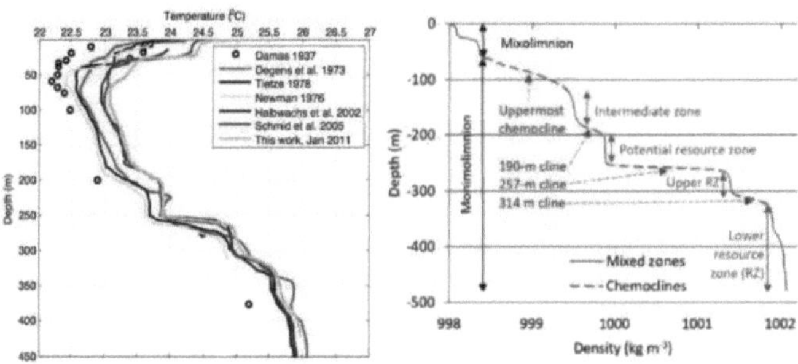

Direita: perfil das variações da temperatura vertical e esquerda: perfil da densidade vertical no lago Kivu (Jean Modeste M., 2022, p5) [74]

O lago Kivu é caracterizado pelas suas caraterísticas físico-químicas, nomeadamente o seu elevado teor de sal de 1.115 g/L, que se reflecte numa elevada condutividade, na estratificação térmica da água e na presença de grandes quantidades de gases dissolvidos nas águas profundas, especialmente CH4, CO2 e H2S (Kaningini, 1995) [75].

[14]Segundo Degens et al (1973), os sais minerais provêm principalmente de fontes hidrotermais que emanam do fundo do lago e o teor de gás dissolvido na água do lago Kivu permanece abaixo da saturação (salinidade de cerca de 4%0). O metano, por outro lado, tem uma dupla origem. [76]Uma parte é formada pela decomposição bacteriana do plâncton em condições anaeróbias, a outra parte é o resultado da transformação diagenética (Tietze, 1978). As águas superficiais do Lago Kivu têm uma salinidade considerável e os principais catiões estão presentes em concentrações significativas. [44]A oxiclina varia entre cerca de 30 m durante a estação das chuvas e um máximo de cerca de 65 m durante a estação seca (Pasche et al., 2010) .

Tabela 5: Concentrações dos principais iões nas águas superficiais do Lago Kivu (Pasche et al., 2011) [46].

Parâmetros	$^{-1}$Concentração (mmol.L)
Na$^+$	4,1
Mg^{2+}	3,8
K$^+$	1,9
Ca^{2+}	0,18
Alcalinidade	13,3
Cl$^-$	0,73

Todas as bacias lacustres, exceto Bukavu, contêm uma quantidade de gases dissolvidos associados a condições anaeróbicas entre as suas várias profundidades e a superfície (Isumbisho, 2006) [25].

[7]Damas (1935, 1937) [20] e Capart (1960) dividem o lago Kivu em 5 grandes bacias: a bacia do Norte, a bacia de Kabuno-Kashanga, a bacia de Ishungu, a bacia de Kalehe e a bacia de Bukavu (Kaningini, 1995) 5 .

A bacia do Bukavu constitui a parte mais meridional do lago Kivu. É limitada a noroeste pelo istmo de Birava e a nordeste pelas ilhas Nkombo e Ibindja. Cobre uma superfície de 96 hectares. [7]A profundidade máxima desta bacia é de 105 m, com uma média de 75 m (Kaningini, 1995) 5 .

A bacia de Ishungu está localizada na parte sul do lago ($2°33.94'S$ e $28°97.65'E$) e ao norte da bacia de Bukavu (Isumbisho, 2000) [62]. [J]A sua profundidade é de cerca de 180 m (Pasche, 2011) 46 .

1.2.1.1.7. *Caraterísticas químicas do lago*

[2]A massa de água abaixo da costa - 275m, ou 130km , contém aproximadamente os seguintes volumes de gás:

- [3]270 mil milhões de m de dióxido de carbono (CO_2)
- [3]61 mil milhões de m de metano (CH_4)
- [3]1 bilião de metros de sulfureto de hidrogénio (H_2S)
- [3]10 mil milhões de m de azoto (N_2)
- 10 milhões de toneladas de fosfato (PO_3)
- 455 milhões de toneladas de sais diversos: soda, potassa, magnésia e cal.

[17]Estes volumes são calculados nas condições definidas pela superfície do lago; 25° e 640mmHg (G. BORGNIEZ, 1960, p3) . Estes gases provocam uma estratificação particular do lago.

1.2.1.1.8. *Composição química das águas profundas do lago Kivu*

O enriquecimento da água em nutrientes, que tem origem nas entradas da bacia hidrográfica e pode ser retransmitido por mineralização na interface água-sedimento, conduz geralmente a um aumento da produção primária global do ecossistema. Os resíduos domésticos e os efluentes agrícolas são as duas principais fontes de sais nutrientes (azoto e fósforo) na bacia hidrográfica.

Abaixo de 65 m, o perfil de concentração da maioria dos parâmetros no Lago Kivu foi caracterizado por um aumento com a profundidade. [44]O perfil de alcalinidade é o mesmo que para os iões maiores, atingindo um nível máximo de 72,6 $mmol.L_{-1}$ na profundidade máxima (Pasche et al., 2010) .

[+]De acordo com Pasche et al (2010) [44], as concentrações de fósforo inorgânico dissolvido (DIP) e de ião amónio (NH_4) foram elevadas em profundidade (0,19 mmol/L e 4,26 mmol/L, respetivamente). [2-[44]+2++2+]Abaixo da oxiclina, SO_4 diminui com a profundidade para abaixo do limite de deteção (<0.05mmol/L) já a 90 m (Pasche et al., 2010). Os catiões mais abundantes no Lago Kivu são Na e Mg seguidos de K e Ca .

O N e o P são nutrientes essenciais para o crescimento do fitoplâncton. A matéria orgânica morta é parcialmente mineralizada e reciclada à superfície. Mas é durante o seu transporte em águas profundas e na interface água-sedimento que a matéria orgânica é largamente mineralizada e os nutrientes são libertados na água. As entradas externas são condicionadas pela deposição atmosférica, pelos rios e por fontes internas (Guyard, 2007). [64]Cerca de 1,0 kg de P e 0,8 kg de N por pessoa por ano são produzidos e depositados por actividades humanas nos afluentes de Bukavu, terminando no Lago Kivu (Muvundja, 2010) . No entanto, os actuais aportes externos destes nutrientes no Lago Kivu são ainda demasiado baixos para causar eutrofização em menos de algumas décadas, acrescentam.

Nas bacias meromícticas do lago Kivu, o N e o P são gerados principalmente na interface água-sedimento. Nesta interface, 92% do N e 88% do P são mineralizados e regenerados na coluna de água. Apenas 8% do N e 12% do P escapam para o sedimento. [44](Pasche et al., 2010) .

1.2.1.1.9. *Estratigrafia, densidade, temperatura e condutividade do lago*

A variação da temperatura à superfície ao longo do dia depende do estado do céu. Num dia de sol, foi observada uma variação de 27° (mínimo de 23,4° às 7h, máximo de 26,1° às 13h, seguido de um decréscimo lento): num dia de chuva, a variação é de apenas 1°.

Desde a superfície até uma profundidade de 70 m, a temperatura diminui. Esta zona superior divide-se em duas outras: uma camada superficial (*epilimnion*), com 25 m de espessura, cuja temperatura varia com as estações do ano, e uma camada superficial (*hipolimnion),* cuja temperatura durante o ano de 1935-1936 permaneceu fixa em 22,3°, ou seja, 1° mais do que a temperatura atmosférica média a 25m. As curvas que mostram a temperatura em função da profundidade têm, por conseguinte, uma parte muito inclinada (termoclina), que é mais ou menos pronunciada consoante a estação do ano: muito visível na estação das chuvas (1°), torna-se menos pronunciada na estação seca. Todas as noites, a temperatura das águas superficiais desce abaixo da do hipolimnion, razão pela qual a mistura diária da zona superior de 70 m assegura a homogeneização desta zona.

A análise dos perfis de teor de gás do lago Kivu indica que o depósito de gás está confinado à isóbata de -270m e que uma camada favorável à extração de água do lago Kivu está localizada a uma profundidade de cerca de 350m. A análise da água retirada desta profundidade mostra que ela contém uma proporção de gás dissolvido da ordem de 2,5l gás/água. Este gás é constituído por 4/5 de dióxido de carbono (2,1l CO2/água) e 1/5 de metano (0,425 lCH4/água).

Uma descrição simplificada da estrutura físico-química do Lago Kivu revela cinco camadas distintas:

- Biozona (BZ) ;
- *Zona de recursos intermédia (IRZ)* ;
- *Zona de Recursos Potenciais (PRZ)* ;
- *Zona* Superior *de Recursos (URZ)* ;
- *Zona* inferior *de recursos (ZRR)* ;

A densidade da água é função de vários parâmetros físico-químicos: diminui com o aumento da temperatura e do teor em metano, aumenta com a salinidade (teor em iões caracterizado pelo parâmetro condutividade eléctrica) e com o teor em CO_2 dissolvido. O quadro seguinte mostra a estratificação do lago em função de um certo número de parâmetros:

Quadro 6. Estratificação do Lago Kivu

Camada	^{3}Água (km)	Densidade média	^{3}CH4 (km)	Concentração CH4 (Lmeth/Lliq)	

0m - 60m	133	998,352	0	0	Biozona
60m - 190m	219	999,435	10,5	0,045	Zona intermédia
190m - 260m	84	1000,175	9,5	0,10	Recurso potencial
260m -310m	49	1001,447	16	0,34	Depósito superior
310m - 480m	74	1001,882	30	0,414	Depósito inferior
Total	559		66		

Fonte: Michel Halbwachs, 17 de novembro de 2011 [63]

1.2.1.1.10. *A evolução dos peixes e da vida selvagem*

A zona oxigenada, que ocupa 70 m de profundidade e 12% do volume total do lago, é ocupada por organismos. O fitoplâncton e o zooplâncton constituem a base fundamental da cadeia alimentar dos peixes. A fauna piscícola do lago é relativamente pobre em comparação com outros lagos da região. É constituída por 26 espécies de *Clupeidae* (Isambaza) introduzidas no Lago Kivu em 1959, provenientes do Lago Tanganica, 2 espécies de *Clariidae* (Inshonzi), 5 espécies de *Cyprinidae* e 18 espécies de *Cichlidae* (incluindo 3 espécies de Tilapia e 15 espécies de *Haplochromis*).

Entre 1958 e 1960, grandes quantidades de larvas de peixes que se presume serem *Limnothrissa miodon* e *Stolothrissa tanganyikae*, conhecidas como sardinha do Lago Tanganica, foram introduzidas do Lago Tanganica no Lago Kivu devido à falta de espécies pelágicas no lago. Apenas *a Limnothrissa miodon* conseguiu desenvolver-se, apesar da sua dieta oportunista. Assim, é evidente que a pesca no Lago Kivu assenta principalmente na *Limnothrissa miodon* e em quatro espécies de *Haplochromis*, desempenhando *os ciclídeos, as tilápias e as clarias* um papel secundário. Há razões para se interrogar sobre a pobreza da fauna do lago Kivu. Este facto pode ser explicado pela presença de gases dissolvidos na água, o que dificulta o desenvolvimento dos animais aquáticos em profundidade. É por isso que seria melhor debruçarmo-nos sobre este depósito de gás e sobre a forma de o explorar.

1.2.1.1.11. *Produção primária e nutrientes limitantes no lago Kivu*

[-1]No lago Kivu, até cerca de 70 m (profundidade máxima do mixolimnion), os valores de clorofila a variam de 0,63 a 3µg.L 1 com uma média de 1,37µg.L· .

[52][75]Sarmento et al (2009) mediram os rácios elementares de carbono, fósforo e azoto para o fitoplâncton no Lago Kivu e encontraram 256,3 para C:P, 9,6 para C:N e 26,8 para N:P. A produção primária no Lago Kivu foi considerada fortemente limitada por P. Esta limitação seria menor na Baía de Bukavu, onde os rácios Si:P medidos são relativamente baixos (Kaningini, 1995). As entradas de nutrientes num lago estão altamente correlacionadas com as fases de inundação e são mais elevadas durante a primeira inundação. A maior parte do fósforo é transportada sob a forma de partículas, ligada à matéria em suspensão, e a maior parte do azoto é transportada sob a forma dissolvida.

[42]A utilização atual dos solos na bacia do Lago Kivu é dominada pela agricultura de subsistência que utiliza estrume como fertilizante e muito raramente fertilizantes químicos (Muvundja et al., 2009) . [42]A desflorestação na bacia hidrográfica devido à necessidade de lenha é um problema importante para o futuro do Lago Kivu (Martineau, 2003; citado por Muvundja et al., 2009) . [40]Esta desflorestação provoca

erosão e deslizamentos de terras (Moeyersons et al., 2004) e a deposição de lamas no lago.

[42]4445Juntamente com os nutrientes dos afluentes e a deposição atmosférica, as entradas internas das águas profundas são a principal fonte de fosfato para as águas superficiais do Lago Kivu (Muvundja et al., 2009 ; Pasche et al. 2010 t l, Pasche et al. 2012 [ ]). [38]Ao longo dos séculos, as águas meromícticas, anóxicas e profundas do Lago Kivu acumularam gases e nutrientes (Halbwachs et al., 2002) .

Tabela 7. Entradas de nutrientes para o epilimnion do Lago Kivu (Muvundja et al., 2009) [64].

Ingestão de nutrientes	SRP (t.an-1)	TP [1](t.an)	[+]NH (t.ano-1)	[1]NO3 (t.an)	[1]TN (t.an)	SRS/ (t.an'1)
Deposição atmosférica	118	2940	2220	1230	3450	1340
Tributários	111	1650	370	1550	1920	23300
Contribuições internas	1800	-0	18500	0	18500	29500

[52]O fósforo é reconhecido como o nutriente que controla a produção primária no lago, mas o azoto pode desempenhar o mesmo papel durante os períodos de elevada estratificação, principalmente durante a estação das chuvas (Sarmentó et al. 2009) .

I.2.1.1.12. Sedimentação no lago Kivu

Estudos de reflexão sísmica revelam que os sedimentos não consolidados são espessos na bacia norte do Lago Kivu (Wong e Herzen 1974; citados por Descy et al., 2012) [3°]. As diferenças na espessura dos sedimentos reflectem diferenças nas idades das bacias lacustres.

[1]Em particular, a espessura é limitada para além de 300 m, provavelmente porque o lago tem sido pouco profundo em relação à sua profundidade ao longo da história (Degens, 1973) t 4l.

Os materiais sob os sedimentos, cuja espessura é desconhecida, são muito densos; trata-se provavelmente de granito ou de rocha metamórfica.

Harberyan e Hecky (1987) dividiram o núcleo sedimentar do lago Kivu em três zonas diferentes: zona A (14000-9400 a.C.): o lago era pouco profundo, com uma elevada taxa de sedimentação devido à acumulação de matéria orgânica. A alcalinidade do lago era moderadamente elevada. A dominância de Stephanodiscus astraea indicava uma baixa relação Si:P. Esta zona estava separada da zona B por uma camada de cinzas que indicava uma provável erupção vulcânica interna (Descy et al., 2012) [3°].

Na Zona B (9400-5000 a.C.), o lago tornou-se mais profundo, com uma taxa de sedimentação reduzida. Foi durante este período que o Ruzizi foi criado como um escoadouro. A relação Si:P aumenta durante este período devido ao P como fator limitante e à dominância das diatomáceas na biomassa algal.

A zona C, por volta de 5000 a.C., revela mudanças dramáticas na história do lago. A precipitação de carbonatos cessou abruptamente, enquanto o carbono orgânico e o azoto total aumentaram acentuadamente. Estas mudanças dramáticas foram atribuídas ao vulcanismo e à atividade hidrotermal. (Descy et al., 2012)[30]

[22]Haberyan e Hecky (1987) acreditam que uma erupção límnica semelhante à que ocorreu no Lago Nyos deve ter tido lugar no Lago Kivu, causando uma extinção em massa de peixes. A análise da zona C mostra

que já em 5000 a.C., o lago se estratificou (Haberyan e Hecky, 1987) [22]. No início dos anos 1200 a.C., o Lago Kivu tornou-se meromítico devido ao clima quente e húmido; a estratificação atual observada no Lago Kivu data deste período.

5As caraterísticas físicas e a taxa de sedimentação revelaram alterações importantes da sedimentação que datam de há cerca de 50 anos (Pasche et al. 2010 [44], Pasche 2012 [4 J). A maior parte dos parâmetros físico-químicos do lago registou uma alteração acentuada após 1960. Desde 1960, registou-se um aumento maciço de CaCO3 e de sais dissolvidos.

A mudança abrupta no núcleo sedimentar marca o início da precipitação de carbonatos a partir da década de 1960. Nos últimos 50 anos, o fluxo de matéria orgânica aumentou 50%. Mais concretamente, o COT aumentou 40% e o TN 80%, mas o TP é quase três vezes superior (Descy et al., 2012) [3°]. [30]O aumento da proporção de solo nos sedimentos reflecte uma forte erosão na bacia hidrográfica resultante de actividades antropogénicas (desflorestação, agricultura e exploração mineira) (Descy et al., 2012) .

As grandes alterações registadas há 50 anos podem ser explicadas por uma ou por todas as 3 alterações ambientais no Lago Kivu, ou seja, alterações na cadeia trófica causadas pela introdução da sardinha zooplanctófaga *Limnothrissa miodon*, a elevada densidade populacional na bacia hidrográfica do lago, que aumenta os aportes externos de nutrientes. A elevada produção primária explica a elevada acumulação de COT, TN, TP e a precipitação de carbonatos (Descy et al., 2012) [30].

I.2.1.1.13. Pigmentos

Um pigmento é uma substância colorida, natural ou artificial, de origem mineral ou orgânica. Existem também os pigmentos fotossintéticos ou pigmentos assimiladores, que são compostos químicos que permitem a conversão da energia luminosa em energia química nos organismos que efectuam a fotossíntese. [10]Existem dois tipos principais de pigmentos fotossintéticos: os pigmentos activos, capazes de libertar a energia acumulada de três formas (fluorescência, transmissão do estado excitado e conversão de energia) e os pigmentos acessórios, incapazes de conversão de energia (www.chem.qmul.ac.uk) 0 .

Pigmentos activos

1. Clorofila a: pigmento azul-esverdeado

A clorofila a é a principal forma de clorofila presente nos organismos que efectuam a fotossíntese. [1]Encontra-se também em pequenas quantidades nas bactérias verdes de enxofre (www.chem.qmul.ac.uk) 00 .

A clorofila a tem dois máximos de absorção espetral em meio aquoso, cerca de 430-440 nm no azul e 670 nm no vermelho (os valores exactos variam em função da composição do solvente). [100]É um pigmento fotossintético essencial para a fotossíntese em eucariotas, cianobactérias e proclorófitos, devido ao seu papel como dador inicial de electrões na cadeia respiratória (www.chem.qmul.ac.uk) .

2. Clorofila b: pigmento amarelo-esverdeado

A clorofila b é uma forma amarela de clorofila que absorve principalmente a luz azul e é mais solúvel em meios aquosos do que a clorofila a devido ao seu grupo carbonilo (www.chem.qmul.ac.uk) [100].

Não é um dador inicial de electrões na cadeia respiratória, mas aumenta o rendimento energético da fotossíntese ao aumentar a quantidade de energia luminosa absorvida pelas plantas e outros organismos fotossintéticos. O seu espetro de absorção está deslocado em relação ao da clorofila a, de modo que as duas clorofilas se complementam (www.chem.qmul.ac.uk) [100].

Durante o trânsito digestivo dos herbívoros do fitoplâncton, os pigmentos clorofílicos são progressivamente degradados em feofitinas (perda de Mg2+ do tetrapirrol) e depois em feoforbidas, por ação das esterases. Uma vez que as feofitinas, os feoforbídeos e as pirofeitinas são feopigmentos

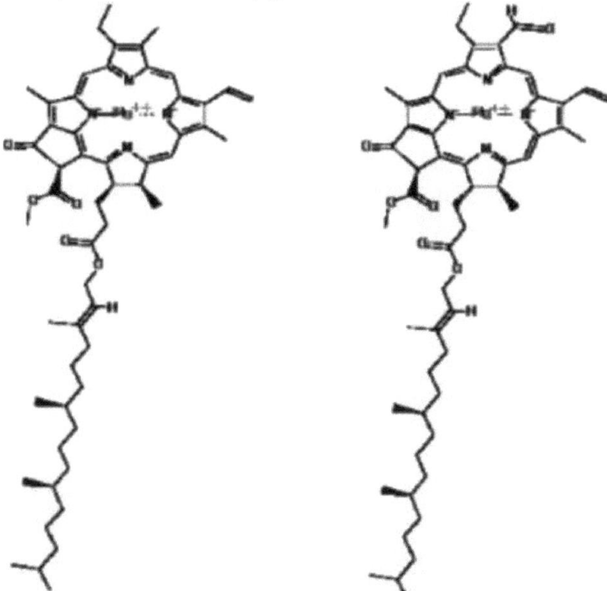

Figura 9. Estruturas da clorofila a, à esquerda, e da clorofila b, à direita [100].

3. Bacterioclorofilas

As bacterioclorofilas são pigmentos fotossintéticos presentes em várias bactérias autotróficas. Estão estreitamente relacionadas com as clorofilas, os pigmentos primários das plantas, algas e cianobactérias. As bactérias que contêm bacterioclorofilas realizam a fotossíntese, mas não produzem oxigénio, utilizando comprimentos de onda de luz diferentes dos utilizados na fotossíntese baseada nas clorofilas a e b. As bacterioclorofilas diferem consoante o grupo bacteriano; é feita uma distinção entre as bacterioclorofilas a a g (www.chem.qmul.ac.uk) [100].

Os pigmentos acessórios incluem o caroteno (pigmento laranja), a xantofila (pigmento amarelo) e as ficobiliproteínas (pigmentos fotossintéticos solúveis em água), que por sua vez incluem a aloficocianina, a ficocianina, a ficoeritrina e a ficoeritrocianina (www.chem.qmul.ac.uk) [100].

1.2.1.2.   Lago Nyos nos Camarões
1.2.1.2.1.   Apresentação

O lago Nyos, também conhecido como lago Lwi, é um lago de cratera vulcânica situado na região noroeste dos Camarões, departamento de Menchum, aldeia de Wum (Ministério da Administração Territorial, 1990, p. 5). Situa-se a uma altitude de 1 091 metros, no flanco de um vulcão inativo perto do Monte Oku, ao longo de uma cintura vulcânica de 1 400 quilómetros, conhecida como a Linha dos Camarões, sendo o Monte Camarões (4 095 metros) o único vulcão ativo desta cadeia. Uma barragem natural de rocha vulcânica retém as águas do lago. O lago foi outrora conhecido como Lago Lwi, mas mais tarde passou a chamar-se Lago Nyos, sendo Nyos o nome de uma aldeia vizinha do lago. O Lago Nyos situa-se a cerca de cem quilómetros a noroeste de Njindoun, a aldeia onde se encontra o Lago Monoun (Brice Molo, 2019, p1) [10].

Situa-se entre 06°26'23" Norte e 10°18'23" Este. ^{2}Cobre uma área de 1,58 km, tem 2 km de comprimento e 1,2 km de largura. Encontra-se a uma altitude de 1091m e tem 260m de profundidade.

A sua coluna de água pode ser dividida em três secções separadas entre si por uma termoclina superior e uma termoclina inferior. A primeira camada (epilimnion) estende-se entre 0 e -55 m, onde a água é misturada por convecção todos os anos durante a estação seca. [8](Paul-Alain NANA e Moïse NOLA, 2020, p81) [4 .

Figura 10. Mapa geológico e localização do Lago Nyos

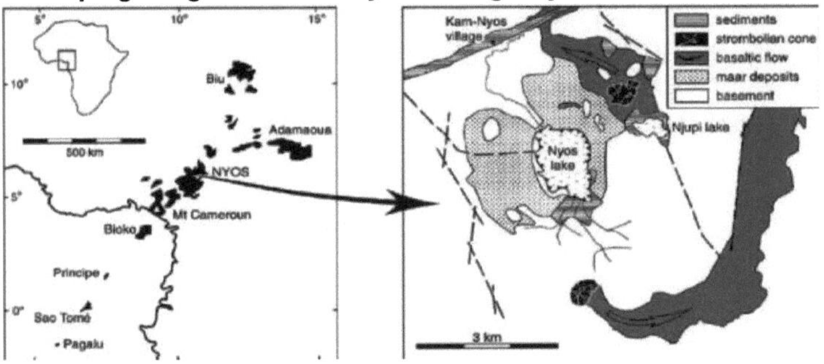

Fonte: R. Temdjim et al., 2004 [49]

1.2.1.2.2.   A acumulação de dióxido de carbono

O lago Nyos é um lago de cratera. Consequentemente, o dióxido de carbono é [56] libertado no fundo do lago. ^{3}O volume de dióxido de carbono contido no lago foi estimado em 0,3 km (300 milhões de metros cúbicos). O lago Nyos está situado sobre uma bolsa de magma. As linhas de falha emanam desta bolsa de magma e entram em contacto com o fundo do lago. Trata-se, portanto, de uma zona de vulcanismo ativo.

De acordo com algumas fontes, o Lago Nyos formou-se há 5 séculos na cratera de um vulcão adormecido.

As massas de água doce podem ter vários tipos de estrutura. Uma vez que a água é uma substância com uma densidade máxima a 4°C, os lagos com uma temperatura de superfície longe desta densidade óptima organizam-se em 3 estratos térmicos com propriedades físico-químicas próprias, que não se misturam com os outros estratos. Em contrapartida, quando a temperatura da superfície se aproxima dos 4°C, a estratificação desaparece e toda a água do lago pode misturar-se novamente por convecção. Nas zonas temperadas, as variações sazonais da temperatura estratificam alternadamente os lagos (no verão e no inverno) e agitam-nos (no outono e na primavera), oxigenando e desgaseificando as águas profundas. São os chamados lagos dimícticos.

Nos climas equatoriais ou tropicais, a temperatura da água à superfície é sempre superior a 4°C, pelo que a estratificação térmica persiste durante anos, ou mesmo séculos, sem que se verifique qualquer mistura. São os chamados lagos meromíticos. No caso do lago Lwi (Nyos), o CO_2 pôde assim acumular-se sem que houvesse mistura que permitisse a desgaseificação. O simples facto de um gás ser libertado num lago não é, portanto, suficiente para criar as condições para um acidente deste tipo. Além disso, a estratificação deve persistir o tempo suficiente para que grandes quantidades de gás fiquem retidas em profundidade.

Figura 11. Mapa dos dois lagos meromícticos dos Camarões

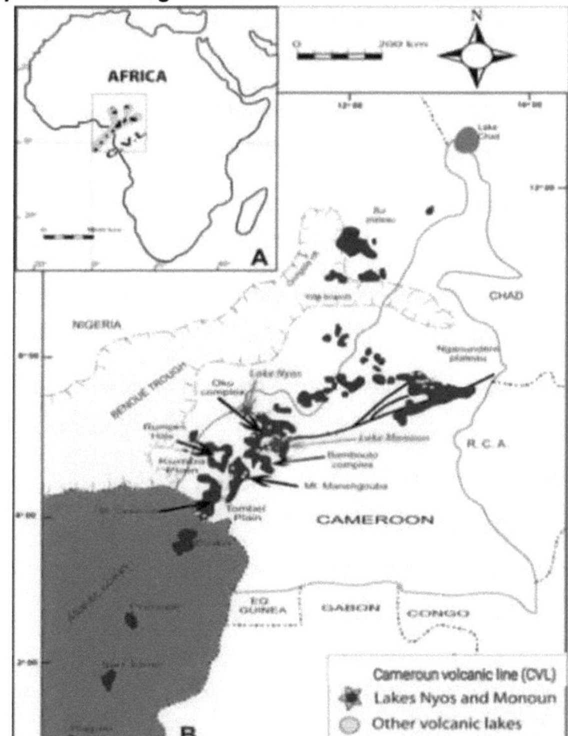

Fonte : Brice MOLO (2019, p4) [10]

1.2.1.2.3.   Erupção límnica

Um vulcão, mesmo em repouso, pode emitir continuamente gases vulcânicos. Quando um lago está localizado acima do ponto de saída desses gases, como no caso de um lago de cratera, o gás dissolve-se na água e volta ao estado gasoso à superfície. Se o lago for relativamente profundo, os gases vulcânicos emitidos pelo fundo ficam retidos nas camadas inferiores de água do lago, que os acumula, por vezes durante anos.

De acordo com a hipótese mais comum, quando ocorre um acontecimento perturbador (terramoto, avalanche de detritos rochosos no lago, início de uma erupção vulcânica, etc.) ou mesmo quando a concentração de gás atinge o ponto de saturação, as camadas de água invertem-se: formam-se bolhas de gás vulcânico na camada inferior do lago, tornando-o mais leve e fazendo-o subir cada vez mais rapidamente em direção à superfície, à medida que o sistema se descontrola. As bolhas de gás vulcânico rompem então a superfície, criando por vezes pequenos tsunamis. Quando o gás é mais denso que o ar, como o dióxido de carbono, que é um dos principais componentes dos gases vulcânicos, o lençol de gás permanece pressionado contra o solo e pode fluir sobre a borda da cratera ao longo do fundo do vale.

Em 1986, nos Camarões, um lençol de dióxido de carbono emergiu do lago Nyos. Mais pesado que o ar, o gás desceu as encostas do vulcão, matando por asfixia 1800 aldeões e vários milhares de cabeças de gado durante o sono (Tristan FERROIR, 2009, p. 9) [53].

Se as aldeias ou o gado estiverem no caminho desta mancha, as consequências podem ser dramáticas: em 1986, uma erupção calcária no Lago Nyos, nos Camarões, causou a morte de mais de 1700 pessoas e de vários milhares de cabeças de gado por asfixia.

Após uma série de estudos efectuados por cientistas sobre os lagos africanos, verifica-se que o Lago Nyos não é o único lago afetado por uma possível erupção calcária. [33]O lago Monoun também é potencialmente perigoso, contendo 10 milhões de m de CO_2, em comparação com os 300 milhões de m contidos no lago Nyos. Em 1984, uma erupção matou pelo menos 37 pessoas. Desde 2003, está também a ser efectuada uma operação de desgaseificação no Lago Monoun.

[2]O Lago Kivu, na África Central, também é suscetível a este tipo de erupções, mas a uma escala muito maior (tem uma superfície de 2 700 km e vários milhões de pessoas vivem nas suas margens).

A erupção provocou a libertação súbita de entre 100 000 e 300 000 toneladas de dióxido de carbono (CO_2). A nuvem de gás subiu inicialmente a quase 100 km/h antes de cair, mais pesada do que o ar, sobre as aldeias vizinhas, sufocando pessoas e animais durante 25 km à volta do lago.

Como o dióxido de carbono é uma vez e meia mais pesado que o ar, ao escapar da cratera, espalhou-se ao nível do solo por uma grande área, atingindo as aldeias e prados circundantes, causando a morte dos aldeões e dos seus rebanhos.

I.2.2. Ambiente administrativo

I.2.2.1. A província de Kivu do Sul na RDC

I.2.2.1.1. Apresentação da Província do Kivu Sul

É essencial apresentar a Província do Kivu Sul, descrevendo a sua localização, a sua situação política e administrativa, o seu relevo, o seu clima, a sua situação hidrográfica e pluviométrica e as suas condições pedológicas.

1. Localização

[22]A província do Kivu Sul é uma das 26 províncias que compõem a República Democrática do Congo. Tem uma superfície de 69.130 km ou 2,78% do território nacional, e tinha uma população de 5.772.000 habitantes em 2015, com uma densidade média de 83 habitantes por km . A capital é Bukavu. A província situa-se entre 28°01' de longitude leste e 3°01' de latitude sul.

A Província é limitada:

- A leste, a República do Ruanda, o Burundi e a Tanzânia;
- A oeste, a província de Tanganica;
- A norte, na província do Kivu do Norte;
- No sul, através da província de Maniema.

2. Aspectos administrativos e políticos

Desde dezembro de 2006, a província do Kivu Sul tem as seguintes instituições políticas:

- Uma Assembleia Provincial composta por 36 membros, denominados "deputados provinciais", eleitos por sufrágio universal direto.
- Um Governo Provincial chefiado por um Governador Provincial e um Vice-Governador eleitos pela Assembleia Provincial; e Ministros Provinciais.

Administrativamente, a província do Kivu Sul está dividida em nove entidades administrativas, compreendendo oito territórios (Fizi, Idjwi, Kabare, Kalehe, Mwenga, Shabunda, Uvira e Walungu) e a cidade de Bukavu. Bukavu é a capital da província do Kivu Sul. Os territórios estão subdivididos em colectividades (sectores ou chefaturas) e a cidade em comunas.

3. Alívio

O Kivu Sul é montanhoso e ocupa uma grande parte da cordilheira de Mitumba, tendo como ponto mais alto o monte Kahuzi (3.308m). Esta parte ocupa também o fosso de colapso formado pela planície de Ruzizi, o lago Kivu e o lago Tanganica. Na sua parte ocidental, o território de Shabunda forma a região baixa que se estende pelo planalto de Maniema, que desce suavemente em direção ao rio Congo.

4. Clima

A província situa-se na zona equatorial, mas na sua parte oriental, os excessos climáticos são atenuados pela altitude. A temperatura média anual é de 19°C em Bukavu, 16°C em Kabare (a uma altitude de 1.960m) e 10°C no Monte Kahuzi. Os territórios de Shabunda e Uvira são as regiões mais quentes da província, com uma temperatura média superior a 25°C. A estação seca começa em maio e termina em setembro.

5. Hidrografia

É abundante. Existem dois lagos de montanha: o Lago Kivu (1.470 m), que é o mais profundo de África e o segundo mais profundo do mundo depois do Lago Baikal (1.741 m), e o Lago Tanganica (773 m). Os lagos Kivu e Tanganica estão ligados pelo rio Ruzizi. O Lago Tanganica é rico em peixe. O Lago Kivu, por outro lado, tem muito poucos peixes devido à presença de dióxido de carbono e metano.

Os rios do Kivu Sul pertencem à bacia do rio Congo. A maioria destes rios tem a sua nascente nas montanhas orientais e corre para oeste até ao rio Lualaba, enquanto outros correm para lagos.

6. Precipitação

Os territórios de Kabare, Walungu, Kalehe, Idjwi e a cidade de Bukavu têm duas estações: a estação seca, que dura 3 meses, de junho a setembro, e a estação das chuvas, que dura 9 meses. Durante a estação seca, as temperaturas são elevadas e a chuva é escassa. É nesta altura que as zonas pantanosas são cultivadas.

A estação das chuvas traz chuvas abundantes, mas ultimamente, com o abate fortuito de árvores, a destruição do ambiente e o excesso de população, as chuvas estão a tornar-se cada vez mais raras. Em territórios florestais como Fizi, Mwenga e Shabunda, à entrada da floresta equatorial, chove abundantemente durante todo o ano. Quanto ao território de Uvira, para além dos planaltos, a chuva está a tornar-se igualmente escassa e a temperatura está a aumentar cada vez mais devido à concentração da população, o que leva à destruição do ambiente.

7. Pavimentos

Em Kabare, Idjwi e Walungu, o solo é argiloso e cada vez mais pobre devido à erosão e ao excesso de população. Consequentemente, existem muitos conflitos de terra nesta zona e a criação de gado está a diminuir drasticamente devido à falta de pastagens.

Em Idjwi, o solo ainda é rico para a agricultura, mas o problema da sobrepopulação está a tornar as terras aráveis cada vez mais escassas.

Kalehe também possui um solo argiloso rico, principalmente devido à sua proximidade com a floresta. Existem também vários depósitos de ouro.

Os territórios de Shabunda, Mwenga e Fizi têm solos arenosos ideais para a agricultura e contêm importantes recursos minerais (ouro, cassiterite, coltan, etc.). O Território de Uvira também possui solos arenosos adequados para a cultura do arroz e do algodão. Os seus planaltos e o seu clima muito ameno são ideais para a criação de gado.

8. Gás metano

Dado que a província do Kivu Sul confina com o Lago Kivu, um lago conhecido pelas suas elevadas concentrações de metano e de dióxido de carbono, existem 3 blocos de gás no Kivu Sul: o bloco Lwandjofu, o bloco Idjwi e o bloco Makele. Todos estes blocos foram objeto de concursos públicos lançados pelo Governo congolês no ano passado.

I.2.2.2. A região Noroeste

1.2.1.1.1. Introdução à região

O Noroeste é uma das dez regiões que compõem os Camarões. Situada no noroeste dos Camarões, na fronteira com a Nigéria, a sua capital é Bamenda.

A região está localizada no oeste do país, fazendo fronteira com três regiões dos Camarões: Sudoeste a oeste, Oeste a sul e Adamaoua a leste, enquanto a norte um estado nigeriano chamado Taraba faz fronteira com a região.

[2]A região do Noroeste situa-se entre 6° 20' 00" Norte e 10° 30' 00" Este, tem uma área de 17.812 km e uma população de 1.728.953 habitantes em 2005. [2]A sua densidade populacional é de 97 habitantes/km e o seu código mineralógico é NW. A sua capital é Bamenda.

Figura 12. A região Noroeste no mapa dos Camarões

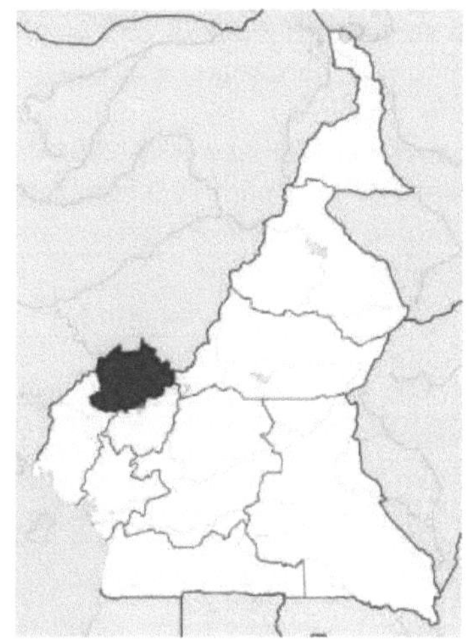

1.2.1.1.2. Origem da região

As origens da região estão ligadas à fixação do povo Tikar, que se juntou ao Reino de Bamoun nos anos 1700. Em 1884, a região foi colonizada pela Alemanha sob o regime de protetorado até 1916, altura em que passou a ser um condomínio administrado conjuntamente pelo Reino Unido e pela França. Em 1919, a administração da região do Noroeste passou a ser exclusivamente britânica. Em 1961, a região passou a fazer parte dos Camarões.

1.2.1.1.3. Aspectos administrativos

Em 2008, o Presidente da República dos Camarões, Paul Biya, assinou um decreto que aboliu a designação "Províncias" e substituiu-a por "Regiões".

No entanto, nos Camarões, a região está subdividida em departamentos e a região Noroeste não é poupada por esta administração. Está subdividida em sete departamentos, como mostra a figura 13.

Figura 13. Subdivisão do Noroeste em departamentos

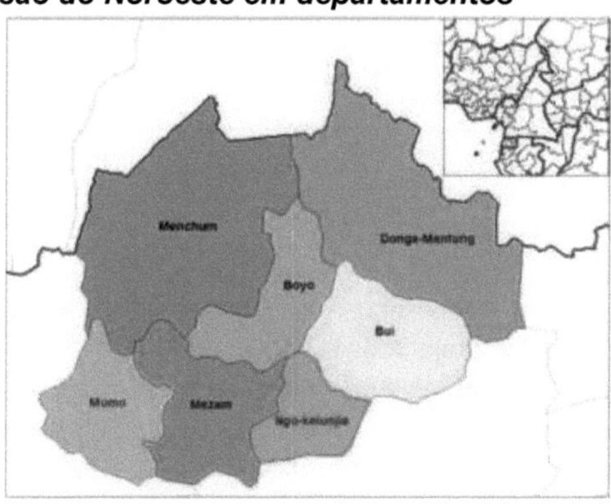

Fonte: R. Temdjim et al, 2004 [49]

[2]A região, que compreende sete departamentos, tem uma superfície de 17.812 km e contava com mais de 1.840.500 habitantes em 2001. A sua população quase duplicou entre os recenseamentos de 1976 e 2005, quando atingiu 1.728.953 habitantes, ligeiramente abaixo das estimativas de 2001. [2]No mesmo período, a sua densidade populacional passou de 56,7 para 99,9 habitantes por km.

Quadro 8. Subdivisão da região Noroeste em departamentos

Departamento	Capital	[2]Área (km)	População (2001) (hab.)
Boyo	Fundong	1 592	169 725
Bui	Kumbo	2 297	322 877
Donga-Mantung	Nkambé	4 279	337 533
Menchum	Wum	4 469	157 173
Mezam	Bamenda	1 745	465 644
Momo	Mbengwi	1 792	213 402
Ngo-Ketunjia	Ndop	1 126	174 173

[10]***Fonte :*** Brice Molo, 2019 [J

A região conta ainda com 34 arrondissements e 34 comunas, bem como 559 chefias tradicionais, incluindo 5 chefias de primeiro grau, 117 chefias de segundo grau e 437 chefias de terceiro grau.

1.2.1.1.4. *Aspeto turístico*

A região contém uma série de sítios turísticos, incluindo chefes de tribo, lagos e cascatas. Vamos tentar enumerar alguns desses sítios.

Tabela 9. Sítios turísticos da região Noroeste

Chefias	Lagos	Cataratas
Chefatura de Bafut (Património Mundial da UNESCO)	Lago Nyos	Cataratas de Menchum
Chefatura de Mankon ;	Lago Oku	Floresta à volta das cascatas de Menchum
Chefatura de Bali ;	Lago Awing	
Chefatura de Laikom, perto de Djottin ;	Lago Awing e arredores	
Palácio do Fon de Nso em Kumbo (ou Banso);		
Chefatura de Mbot		

Fonte: A nossa investigação e análise

1.2.1.1.5. *Língua*

Os Camarões são um país francófono e anglófono. Na região noroeste, o inglês é falado juntamente com vários dialectos.

1.2.1.1.6. *A catástrofe de Nyos em 1986*

O lago Monoun, situado na região noroeste de França, não é um lago muito grande, mas os seus vapores de gás conseguiram matar cerca de 40 pessoas. Os media não prestaram muita atenção a este desastre quando ocorreu, provavelmente devido à sua "originalidade".

Dois anos mais tarde, o Lago Nyos, localizado perto do Lago Monoun, sofreu o mesmo fenómeno natural, mas desta vez com mais danos do que a primeira libertação do Lago Monoun.

De origem recente, situa-se na linha de falha vulcânica dos Camarões e formou-se na sequência de erupções vulcânicas. Os gases emitidos por estes lagos consistem principalmente em CO_2, com quantidades muito pequenas de outros gases dissolvidos no fundo do lago.

Estudos demonstraram que este fenómeno se deve a um aumento da temperatura da água e da concentração de gás nestes lagos.

As pessoas e os animais que morreram nesta catástrofe morreram por asfixia. Os sobreviventes tiveram de ser realojados em condições de sobrelotação e insalubridade. Os Camarões não estavam preparados para este tipo de catástrofe e tiveram de recorrer à ajuda internacional. Esta ajuda permitiu a construção de zonas de reinstalação e de infra-estruturas mínimas para satisfazer as necessidades das populações (Tahiti BEN TCHINDA NGOUMELA, 2010) [67].

No entanto, estas medidas não foram suficientes, uma vez que as pessoas que viviam ao longo das margens do Lago Nyos viviam principalmente da agricultura e da criação de gado. A maior parte das pessoas deslocadas continua a viver nos locais de reinstalação, apesar de a sua presença ser apenas temporária. Não foram tomadas medidas de acompanhamento genuínas a longo prazo.

Conclusão parcial

Neste capítulo, abordámos vários assuntos, incluindo o quadro concetual, onde falámos sobre as definições dos conceitos-chave em relação ao nosso objeto de estudo; a revisão da literatura, onde falámos sobre o gás em geral, desde a sua formação até aos perigos ambientais que pode causar; falámos também sobre o ambiente de estudo, com o ambiente hidrogeológico e o ambiente administrativo.

Começando pelo ambiente hidrogeológico, delineámos a quintessência do Lago Kivu e do Lago Nyos, enquanto no ambiente administrativo, falámos brevemente da província do Kivu Sul, à qual parece pertencer o Lago Kivu, e uma breve abordagem à região Noroeste, onde se situa o Lago Nyos.

CAPÍTULO II

METODOLOGIA DO ESTUDO

SEKIMONYO SHAMAVU Christian (2023, p27) [8°] define uma metodologia de investigação como um quadro sistemático utilizado para resolver o problema de investigação, utilizando os melhores e mais viáveis métodos e técnicas possíveis para conduzir a investigação, em conformidade com a meta e os objectivos da investigação.

Neste capítulo, apresentaremos o tipo de investigação que estamos a realizar, a população estudada e, finalmente, os métodos e técnicas utilizados para recolher, analisar e tratar os dados.

11.1. Tipo de pesquisa

O nosso trabalho incide sobre "O problema do gás do lago Kivu: um estudo comparativo com a erupção límnica do lago Nyos nos Camarões em 1986".

No entanto, o nosso estudo é um estudo comparativo. Assim, um estudo comparativo consiste em analisar e resumir os pontos comuns, as diferenças e as tendências entre dois ou mais casos que partilham um interesse ou objetivo comum (SEKIMONYO, 2023, p62) [8°1

11.2. População do estudo

A nossa população de estudo era constituída por todas as pessoas que viviam ao longo das margens do Lago Kivu.

11.2.1.   Tamanho da amostra

A amostragem é uma parte importante da estatística. Permite compreender o que se passa numa população sem ter entrevistado cada indivíduo, segundo o princípio de que uma colherada é suficiente para provar a sopa inteira (Javeau Claude, 1990, p43) [271. Por outras palavras, permite-nos escolher um grupo de pessoas para representar os outros.

[1]Amostragem significa escolher um número limitado de indivíduos a partir dos quais se observa e mede uma caraterística, a fim de tirar conclusões aplicáveis a toda a população no seio da qual a escolha foi feita ou à qual diz respeito (DE KETELE et al., 1996, p62) t 3l.

[11]Para enriquecer a ideia, DAGNELIE (1998, p. 215) especifica que a amostragem estratificada é utilizada "... quando a população de origem é muito heterogénea e se pretende assegurar que as suas diferentes componentes estejam todas representadas na amostra. A estratificação pode então proporcionar um ganho significativo de precisão em comparação com a amostragem aleatória, sem alterar o número total de observações a efetuar".

Para determinar a amostra, recorremos às ideias de JAVEAU, que afirma que a amostra pode representar 20% da população ou mais, por razões financeiras e temporárias. [27]Propôs também que se tomasse 10%, desde que a dimensão da amostra não fosse reduzida a menos de 30 (1990, p. 45).

Tendo em conta o que precede, selecionámos 50 engenheiros petrolíferos do grupo Focus des Hydrocarbures para trabalhar em toda a República Democrática do Congo.

11.3. Métodos utilizados

[18]O método de investigação é um conjunto de operações através das quais uma

disciplina procura atingir as verdades que persegue, as demonstra, as verifica e, sobretudo, as dita de uma forma mais ou menos imperativa, mais ou menos precisa, completa e sistematizada (Grawitz M., 1979, p344) .

No nosso estudo, utilizámos os seguintes métodos: histórico, analítico, comparativo, estatístico, descritivo, observacional, fenomenológico e empírico.

11.3.1. Recolha de dados

A recolha de dados ou recolha de dados é uma fase essencial de um estudo empírico ou de um projeto de investigação durante a qual o estudante reúne informações que serão analisadas para confirmar (ou não) as hipóteses iniciais e para responder a um problema (Gaspard Claude, publicado em 16 de dezembro de 2019 e consultado em 17/09/2023 às 22h57) [99].

A recolha de dados pode ser efectuada através de vários métodos e técnicas e ajuda o investigador a compreender o fenómeno, o facto ou o tema em estudo. Os métodos utilizados para a recolha de dados são o observacional, o fenomenológico e o empírico.

1. Método de observação :

[103]É um método de investigação que permite recolher dados ou informações sobre um facto, um acontecimento ou sobre indivíduos (Hanhimanti, consultado em 17/09/2023 às 23h03') . [13]É também um método de investigação através do qual o investigador observa diretamente, através da sua presença no terreno, os fenómenos sociais que procura estudar (DE KETELE et al., 1990, p40) . Utilizamos este método para obter informações reais sobre o Lago Kivu.

2. Método fenomenológico

A fenomenologia deriva etimologicamente do grego "phainomenon" que significa "aquilo que aparece" e "logos" que significa "estudo". [72]Em termos simples, significa o estudo dos fenómenos (Gildas S. NGOMO, 2016, p43) . É um método que se centra nos fenómenos. Este método permitiu-nos investigar os fenómenos que conduziram à catástrofe de 21 de agosto de 1986 e a catástrofes comparáveis no Lago Kivu.

3. Método empírico

[7]O método empírico é uma abordagem ou uma conceção intelectual no sentido de uma forma abstrata ou um meio teórico de descobrir, no domínio da investigação, realidades previstas, ainda ocultas, com base na experiência, ou seja, na observação e na verificação e não com base em teorias (ANYENYOLA WELO, 2008, p220) . Ajudou-nos a verificar certas verdades sobre o ambiente em estudo.

11.3.2. Na análise de dados

Analisar significa decompor um fenómeno de modo a distinguir os seus elementos constitutivos. Esta divisão de um fenómeno global em elementos mais pequenos é efectuada com o objetivo de reconhecer ou explicar as relações que unem estes elementos, a fim de compreender melhor o fenómeno no seu conjunto. (Mogneau P, 2008, Presses de l'Université du Québec).

Esta fase envolveu a tradução dos dados brutos recolhidos junto dos inquiridos em dados estatísticos que pudessem ser quantificados e interpretados.

1. Método histórico :

O método histórico procura reconstruir os acontecimentos até à fonte ou ao facto inicial. [41]O método histórico reúne, ordena e classifica uma série de factos em torno de um único facto, a fim de identificar aquele que teve maior influência no facto em estudo (MULUMBATI NGASHA A., 2006, p18) .

Através deste método, poderemos conhecer a evolução dos estudos e as possibilidades de uma erupção límnica no Kivu, com base nos acontecimentos ocorridos em Nyos, nos Camarões, em 1986.

2. Método analítico :

O método analítico consiste em decompor o objeto de estudo do mais complexo para o mais simples. [1]Este método procura o componente mais pequeno possível, a unidade de base dos fenómenos (Aktouf O., 1992, p23).

Este método é de grande importância para nós, sobretudo porque nos permitirá melhorar profundamente os dados recolhidos sobre o nosso objeto de estudo.

3. Método comparativo :

[50]Define-se como uma abordagem cognitiva na qual se tenta compreender um fenómeno comparando diferentes situações (Reuchlin M., 1973, p25) . [66]Este método implica que o investigador compare casos que concordam ou diferem num único ponto (Stéphane Paquin, 2011, p62) .

É por esta razão que a análise dos dados permitirá identificar os pontos de convergência e de divergência entre estes dois lagos meromícticos.

11.3.3. Na apresentação e interpretação dos resultados

[16]A fase de análise de dados envolve a organização dos dados e a sua decomposição em unidades que podem ser processadas e sintetizadas para procurar padrões e tendências para descobrir o que é importante e o que pode ser aprendido com os dados (Friedrich Ebert, 2016, p31) .

Interpretar os resultados significa dar sentido aos resultados e verificar se a hipótese é verdadeira ou falsa. A interpretação dos resultados implica o exame dos dados recolhidos através de processos predefinidos, a fim de atribuir um significado aos dados primários e, em seguida, tirar uma conclusão pertinente (Pietro Marzo, 2023) [65].

1. Método estatístico :

É um método que tenta conciliar abordagens qualitativas e quantitativas, o racional e o sensorial, o construído e o observado. O objetivo é quantificar o qualitativo e torná-lo acessível a um tratamento matemático rigoroso (Aktouf O., 1992, p24) ^.

Deu-nos a oportunidade de apresentar e interpretar os resultados em números e de os discutir.

2. Método descritivo :

[43]De acordo com N'da Paul (2002, p19), o método descritivo consiste em descrever, nomear ou caraterizar um fenómeno, uma situação ou um acontecimento de modo a que pareça familiar.

Este método ajudou-nos a descrever os resultados, o ambiente de estudo e a discutir os resultados do inquérito, a fim de obter uma melhor compreensão das diferentes realidades envolvidas.

11.4. Técnicas utilizadas

Segundo J. CHEVALIER (1992, p168) [26], as técnicas de investigação são instrumentos de investigação que implicam procedimentos de recolha de dados adaptados ao objeto de investigação, ao método de análise adotado e, sobretudo, ao ponto de vista que orienta a investigação.

[81]Uma técnica é definida como o conjunto dos meios e procedimentos que permitem ao investigador recolher os dados e as informações necessárias ao seu objeto de investigação (Dicionário Universal, 2010) . Para efeitos do nosso trabalho, utilizámos algumas das técnicas seguintes:

### 11.4.1.	Recolha de dados

**1.	Técnica documental**

A técnica documental refere-se a qualquer fonte de informação existente a que o investigador possa ter acesso. [43]Estes documentos podem ser sonoros, visuais, audiovisuais, escritos ou objectos (P. N'da, 2002, p35) .

Esta técnica fornece-nos as informações necessárias a partir de estudos anteriores e de documentos diversos (literatura, experiências, etc.).

**2.	Técnica de entrevista**

A técnica da entrevista é uma técnica de investigação que consiste em utilizar entrevistas durante as quais o investigador interroga pessoas que lhe fornecem informações relativas ao objeto da sua investigação (Grawitz M., 1986, p512) [19]. Esta técnica permitiu-nos falar com engenheiros petrolíferos relacionados com a erupção límnica, onde lhes colocámos questões de boca em boca e recebemos as suas respostas.

**3.	Técnica de manutenção**

Para enriquecer os dados recolhidos, utilizámos a técnica da entrevista, que é um procedimento de investigação científica que utiliza o processo de comunicação verbal para recolher informações em relação ao objetivo estabelecido (Grawitz M., 1986, p586 - 587) [19].

Esta técnica orienta-nos na recolha de informações a partir de discussões com mais partes interessadas no contexto do nosso objeto de estudo.

**4.	Técnica de inquérito e questionário**

Os inquéritos abrangem uma série de métodos de investigação tecnicamente diferentes, mas todos utilizam o modo declarativo, que consiste em entrevistar indivíduos cujas respostas fornecem a informação (Daniel Caumont, 2016, p72) [12].

O questionário consiste em colocar a um grupo de inquiridos representativo de uma população-alvo uma série de perguntas relativas a três categorias de dados: factos sobre a sua situação social, profissional e familiar; juízos subjectivos sobre factos, ideias, opiniões e expectativas; e o seu conhecimento de um acontecimento ou problema (HOFMANN et al., 1988, p55-56) [23].

Ajudou-nos a abordar os nossos inquiridos e a obter informações através de um questionário a enviar aos engenheiros petrolíferos.

**5.	Grupo de discussão**

Esta técnica é utilizada para recolher informações, apresentando a um grupo de pessoas (entre sete e doze) uma série de afirmações, propostas ou opiniões. Cada pessoa exprime a sua opinião e, em seguida, o moderador compara as diferentes opiniões. [47](Patrice Stern e Jean-Marc Schoettl, 2019, p36) .

Esta técnica permitiu-nos recolher mais informações, mais diversificadas e mais pertinentes.

**6.	Técnicas de teledeteção**

A teledeteção consiste na utilização de processos e técnicas para obter informações à distância sobre objectos terrestres, utilizando as propriedades das ondas electromagnéticas emitidas ou reflectidas por esses objectos.

É essencial para a recolha de informações sobre o Lago Nyos.

7. Técnica de raios gama

Trata-se de um registo da radioatividade gama natural das formações. Os raios gama são as fontes radioactivas naturais ou artificiais mais penetrantes, e o espetrómetro de raios gama é uma ferramenta poderosa para monitorizar e medir estas radiações. Estas medições são realizadas em laboratórios, no fundo do mar, em furos de sondagem, a pé, em veículos de campo e no ar; durante décadas, este método de medição das concentrações de radioelementos teve uma vasta gama de aplicações, tendo sido feitos avanços significativos nos procedimentos de calibração e no processamento informático (software). [24]Atualmente, a espetrometria de raios gama é amplamente utilizada no ambiente, na cartografia geológica, na exploração mineira e até na agricultura (IAEA, 2003, p86) .

Esta técnica ajudou-nos a determinar a estrutura geofísica do Lago Kivu.

8. Tecnologia sísmica

[104]A técnica sísmica é uma técnica de medição indireta que consiste em registar ecos à superfície a partir da propagação de uma onda sísmica induzida no subsolo (www.geo-ocean.fr, publicado em 6 de maio de 2022, consultado em 23/09/2023) .

Este método ajudou-nos a recolher informações a partir de ondas sísmicas.

11.4.2.   Na análise de dados

1. Técnicas de análise crítica :

A análise crítica de um texto implica decompô-lo nas suas partes constituintes. [78]Significa sublinhar o que está claramente afirmado, bem como revelar o que está implícito (S.A, 2013, p1) .

Esta técnica permite-nos dissecar a informação que recebemos de diferentes fontes e analisá-la em pormenor.

2. Técnicas de modelação e simulação

Esta técnica consiste em tornar sistémica uma atividade mental preparatória da ação que permanece espontaneamente fugaz: formar uma ideia, uma imagem, um plano, um cenário das grandes linhas que vamos fazer (Jean-Marie Van Der Maren, 2014, p239) [29].

Esta técnica permite-nos imaginar como teria sido a margem do lago Kivu, como se a erupção do limnídeo já tivesse ocorrido.

3. Técnica longitudinal

A técnica longitudinal estuda os fenómenos ao longo do tempo, tendo em conta as diferentes temporalidades e acontecimentos que coexistem e/ou se sucedem (pode ser qualitativa ou quantitativa), ou seja, um estudo a longo prazo (Anaelle Milon e Saeed Paivandi, 2022, p412) [4].

Compila dados de estudos anteriores, estudos recentes e uma visão do futuro do Lago Kivu.

4. Técnica interdisciplinar

A técnica transversal implica a recolha de dados para diferentes casos. Com esta técnica, não podemos estabelecer uma relação causal entre variáveis, mas apenas uma relação entre variáveis. (Scribbr publicado em 22/03/2018 por Justine Debret) [99]

Utilizaremos esta técnica para inquirir um certo número de pessoas de diferentes idades, etc.

5. Técnica de correlação

A técnica de correlação refere-se a um método de investigação não experimental que estuda a relação entre duas variáveis através da análise estatística. Esta técnica é utilizada para relacionar pontos de semelhança.

6. Técnica gravimétrica

A gravimetria é uma técnica geofísica que mede as variações do campo potencial gravitacional da Terra. [113]É um método de prospeção que pode ser utilizado para determinar anomalias de densidade no subsolo (https://ground.geophysicspr.com, consultado em 23/09/2023) . A gravimetria é também o estudo das variações do campo gravitacional à superfície do solo (Dr. BOUTELDJA Fathe, 2017, p9) [7°].

Esta técnica ajuda-nos a identificar anomalias na distribuição da massa no Lago Kivu.

7. A técnica de análise de casos

A análise de caso é uma técnica que visa fornecer informações qualitativas através de um estudo específico de um caso particular. Análise intensiva de uma unidade (pessoa ou comunidade), centrada nos factores de desenvolvimento em relação ao ambiente (Yves-C. GAGNON, 2012, pXI-XII) [55] .

Esta técnica permite-nos recolher dados que serão analisados no âmbito do nosso trabalho. Permite-nos igualmente apoiar os nossos argumentos e confirmar as nossas hipóteses, tomando como exemplo o caso dos Nyos.

11.4.3.   Na apresentação e interpretação dos resultados

1. Técnica de conceção

[109]Trata-se de uma técnica que consiste em apresentar resultados através de tabelas, figuras, estilos e/ou gráficos modernos através de programas informáticos (Alexandra Midael, 2009, www.fnac.com consultado em 25/08/2023 às 23h50) .

11.5. Ferramentas e materiais utilizados

Uma ferramenta é um objeto utilizado para realizar um trabalho ou produzir um objeto, e um equipamento é um conjunto de objectos, instrumentos, máquinas, etc., utilizados num serviço ou operação de qualquer tipo, com exceção do pessoal. [83](Le Grand Robert, 2005, versão eletrónica) .

Utilizámos uma série de ferramentas e materiais, alguns dos quais são enumerados abaixo:

1. GPRS

O General Packet Radio Service é uma evolução da norma GSM, razão pela qual é por vezes designado por GSM++ (ou GMS 2+). Trata-se de uma norma telefónica de segunda geração que permite a transição para a terceira geração (3G), razão pela qual é designada por 2,5G. [115](University of New South Wales, https://web.maths.unsw.edu.au, consultado em 23/08/2023 às 11:23) C I.

O GPRS pode ser utilizado para transportar voz e aceder a redes de dados (nomeadamente a Internet) utilizando os protocolos IP ou X.25.

Permite-lhe também :

•   Serviços ponto-a-ponto (PTP), ou seja, a capacidade de se ligar em modo cliente-servidor a uma máquina numa rede IP,

- Serviços ponto-a-multiponto (PTMP), ou seja, a capacidade de enviar um pacote a um grupo de destinatários (multicast).
- Serviço de mensagens curtas (SMS),

Foi útil para podermos comunicar informações no terreno.

2. O GPS

O Sistema de Posicionamento Global (Global Positioning System) é um serviço público de propriedade dos EUA que fornece serviços de posicionamento, navegação e cronometria (PNT). É composto por três segmentos: o segmento espacial, o segmento de controlo e o segmento do utilizador. A Força Aérea dos Estados Unidos desenvolve, mantém e opera o segmento espacial e o segmento de controlo. [11](https://gps.gov/systems/gps/, consultado em 23/09/2023 às 11h27) [6]. Serve e ajuda-nos a localizar e a posicionarmo-nos onde quer que estejamos.

3. P E S WAVES

A rutura súbita de uma falha ou de um segmento de falha provoca a propagação de vibrações através da rocha: são as chamadas ondas sísmicas. Quando atingem a superfície, estas ondas provocam oscilações no solo que, consoante a sua amplitude e frequência, podem causar danos nos edifícios.

As duas principais ondas elásticas geradas por um terramoto são facilmente observadas em gravações de estações próximas.

As ondas sísmicas são vibrações elásticas que podem ser divididas em duas famílias principais: ondas P, ou ondas primárias, e ondas S, ou ondas secundárias. São chamadas ondas de volume porque se propagam por todo o volume da Terra. À medida que as ondas P passam, as rochas são alternadamente comprimidas e relaxadas como uma mola. Estas ondas propagam-se através de todos os tipos de meios, incluindo líquidos e gases. As ondas sonoras, em particular, são ondas P. As ondas S, por outro lado, são ondas de cisalhamento: os materiais que atravessam são distorcidos e depois voltam à sua forma original. Por conseguinte, estas ondas só se podem propagar em meios que ofereçam resistência à distorção, ou seja, os sólidos.

Utilizámos o sismógrafo para emitir ondas sonoras (P e S) com o objetivo de obter informações ou dados no solo.

4. LA BOUSSOLE

A bússola é uma caixa redonda na qual oscila uma agulha magnetizada, montada num pivot metálico e que domina um mostrador com a rosa dos ventos. Este mostrador está ainda dividido, no sentido dos ponteiros do relógio, em 360 graus marcados por uma linha de 5 em 5 graus (S.A., La boussole, p2) [93].

Era útil para nos orientarmos e orientarmos o mapa num determinado local de acordo com os pontos cardeais.

5. O SISTEMA TELEMATIX

A telemática, muitas vezes conhecida como sistemas telemáticos, é a integração das telecomunicações e do processamento de informações. A telemática deriva da palavra francesa télématique e é frequentemente utilizada para designar a junção das tecnologias da informação e das telecomunicações. Com o crescimento da Internet e o aumento do número de redes de telecomunicações capazes de transportar dados para os escritórios em tempo real para muitos fins, incluindo a gestão de frotas ou camiões, os sistemas telemáticos ganharam popularidade mais recentemente (https://businessyield.com, consultado em 23/09/2023 às 12h06) [117]. Utilizámos esta ferramenta para recolher informações à distância, onde não conseguíamos chegar com ferramentas de controlo remoto.

6. O SIG

Um SIG, ou Sistema de Informação Geográfica, é uma ferramenta que permite importar e apresentar dados geo-localizados e estatísticos para análise num mapa. Este sistema é utilizado no nosso trabalho para visualizar informações sobre os Camarões e o Lago Nyos.

7. ARC GIS

O ArcGIS é um sistema completo de recolha, organização, gestão, análise, comunicação e distribuição de informação geográfica. Sendo a plataforma líder mundial para o desenvolvimento e utilização de sistemas de informação geográfica (GIS), o ArcGIS é utilizado por pessoas em todo o mundo para colocar o conhecimento geográfico ao serviço do governo, das empresas, da ciência, da educação e dos meios de comunicação social. O ArcGIS permite a publicação de informação geográfica para que possa ser acedida e utilizada por qualquer pessoa. ¹O sistema está disponível em todo o lado através de navegadores Web, dispositivos móveis como os smartphones e computadores de secretária (https://resources.arcgis.com, consultado em 23/09/2023 às 12:19) [1 4].O ArcGis é um software desenvolvido pela Esri.

Este software é muito importante para nós neste estudo, uma vez que é utilizado, tal como o SIG, para obter informações geográficas para Nyos e Kivu.

8. O sismógrafo

Um sismógrafo é um dispositivo utilizado para registar sismos, geralmente utilizando a inércia de uma massa pesada que tende a permanecer no lugar quando o solo, ao qual a estrutura do dispositivo está ligada, se move. Para ondas de período muito longo, são utilizados dispositivos que medem a inclinação do solo. Para as ondas de período muito curto, utilizam-se geofones (em terra) ou hidrofones (no mar), que detectam as variações de pressão (S.A., p305) [85].

Este equipamento está a ser utilizado para recolher informações sismológicas, principalmente ondas P e S.

9. Medidor de gravidade

⁰Um gravímetro é um instrumento que permite medir a intensidade do campo gravitacional (Larousse, www.larousse.fr) [1 5]. Um gravímetro é, na realidade, um acelerómetro porque, segundo o princípio da equivalência, mede a mesma coisa. No entanto, um gravímetro é especializado na medição de uma aceleração vertical próxima da gravidade normal da Terra e com um elevado grau de precisão em torno deste valor. Os gravímetros podem efetuar medições relativas ou absolutas.

Conclusão parcial

Este capítulo aborda a metodologia de investigação, que consiste no tipo de investigação (o nosso estudo é comparativo), na população estudada e na dimensão da amostra, bem como nos métodos e técnicas utilizados na recolha de dados, na análise e na apresentação e interpretação dos resultados do estudo. Por fim, neste mesmo capítulo foram apresentados diversos equipamentos e ferramentas de deteção remota, geológicas e geofísicas, bem como alguns softwares.

CAPÍTULO III

APRESENTAÇÃO, INTERPRETAÇÃO E DISCUSSÃO DOS RESULTADOS

A apresentação e interpretação dos resultados é a fase comum a todas as investigações, constituindo, por conseguinte, o culminar lógico do processo. Constitui uma oportunidade para refletir sobre a teoria em que se baseia a análise e a validade dos seus resultados, questões já abordadas no início da investigação.

111.1. Apresentação e interpretação dos resultados

A apresentação dos resultados é uma fase que consiste em mostrar os resultados do estudo.

Com base no diagnóstico e na exploração, a interpretação é o terceiro objetivo da investigação científica. A identificação de um fenómeno ou padrão na sociedade e a procura de informações suficientes para o compreender leva o investigador a fornecer uma interpretação ou análise precisa do fenómeno estudado (Friedrich Ebert, 2016, p6). [16]

111.1.2. Identidade dos inquiridos

Tableau 10. Repartição dos inquiridos por sexo

Sexo dos inquiridos	Força de trabalho	%	% válido	Acumulado
Masculino	36	75,0	75,0	75,0
Feminino	12	25,0	25,0	100,0
Total	**48**	**100,0**	**100,0**	

Fonte: A nossa investigação e análise 2023

Interpretação: A partir deste quadro, 36 dos 48 engenheiros inquiridos, ou seja, 75%, são do sexo masculino, enquanto 12 outros, ou seja, 25%, são do sexo feminino.

Tableau 11. Repartição dos nossos inquiridos por idade

Idade dos inquiridos	Força de trabalho	%	% válido	Acumulado
Menores de 18 anos	00	00,0	00,0	00,0
18 a 25 anos	09	18,75	18,75	18,75
26 a 30 anos	16	33,33	33,33	52,08
31 a 35 anos	18	37,50	37,50	89,58
36 a 40 anos	03	6,25	6,25	95,83
40 e mais	02	4,17	4,17	**100,0**
Total	**48**	**100,0**	**100,0**	

Fonte: A nossa investigação e análise 2023

Interpretação: Da tabela acima, podemos ver que 18 dos nossos inquiridos (37,50%) têm idades compreendidas entre os 31 e os 35 anos, 16 inquiridos (33,33%) têm idades compreendidas entre os 26 e os 30 anos, 09 inquiridos (18,75%) têm idades compreendidas entre os 18 e os 25 anos, 3 inquiridos (6,25%) têm idades compreendidas entre os 36 e os 40 anos, 2 inquiridos (4,17%) têm idades compreendidas entre os 40 e os 40 anos e nenhum inquirido tem menos de 18 anos.

Quadro 12. Repartição dos nossos inquiridos por estado civil

Estado civil dos inquiridos	Força de trabalho	%	% válido	Acumulado
Individual	22	45,83	45,83	45,83
Casado	25	52,08	52,08	97,91
Viúva	01	2,08	2,08	100,0
Divorciado	00	0,0	0,0	100,0
Total	**48**	**100,0**	**100,0**	

Fonte: A nossa investigação e análise 2023

Interpretação: A análise dos resultados acima mostra que 25 dos 48 inquiridos (52,08%) já casaram, 22 (45,83%) são solteiros, 1 (2,08%) é viúvo e nenhum dos inquiridos é divorciado.

Tabela 13. Distribuição dos nossos inquiridos por nível de ensino

Estado civil dos inquiridos	Força de trabalho	%	% válido	Acumulado
Primário	00	0,0	0,0	0,0
Secundário	03	6,25	10,0	10,0
Formado	13	27,08	26,0	36,0
Licenciado	32	66,67	64,0	100,0
Total	**48**	**100,0**	**100,0**	

Fonte: A nossa investigação e análise 2023

Interpretação: Com base nesta tabela, 32 inquiridos (66,67%) tinham uma licenciatura, 13 inquiridos (27,08%) tinham um diploma, 3 inquiridos tinham o ensino secundário e nenhum dos inquiridos tinha o ensino primário.

111.1.3. Pergunta introdutória

Tabela 14. Conhecimento da erupção calcária

Conheces a erupção do limnic?	Força de trabalho	%	% válido	Acumulado
Sim	48	100,0	100,0	100,0
Não	00	0,0	0,0	100,0
Total	**48**	**100,0**	**100,0**	

Fonte: A nossa investigação e análise 2023

Interpretação: Com base no que precede, 48 inquiridos tinham conhecimento da erupção límbica, enquanto nenhum dos inquiridos negou ter conhecimento da erupção.

111.1.4. Questões relacionadas com o tema

Quadro 15. Possibilidade de uma erupção calcária no lago Kivu

É possível uma erupção do limnique no Lago Kivu?	Força de trabalho	%	% válido	Acumulado
Sim	48	100,0	100,0	100,0

Não	00	0,0	0,0	100,0
Total	**48**	**100,0**	**100,0**	

Fonte: A nossa investigação e análise 2023

Interpretação: O quadro acima mostra que 48 dos 48 inquiridos, ou seja, 100%, vêem a possibilidade de uma erupção calcária no Lago Kivu.

Tabela 16. Consequências da erupção límnica

O que é que consequências da erupção calcária no lago Kivu?	Força de trabalho	%	% válido	Acumulado
Morte de homens e animais por asfixia	31	64,58	64,58	64,58
Emissões de gases com efeito de estufa	09	18,75	18,75	83,33
Deslocação da população	02	4,17	4,17	87,50
Desequilíbrio ecológico	02	4,17	4,17	91,67
Doenças respiratórias e queimaduras	03	6,25	6,25	97,92
Perda de riqueza para o país	01	2,08	2,08	100,00
Total	**48**	**100,00**	**100,00**	

Fonte: A nossa investigação e análise 2023

Interpretação: Neste quadro, verificamos que as principais consequências, tais como 31 dos nossos inquiridos ou 64,58% referem a morte de homens e animais por asfixia, 9 inquiridos ou 18,75% referem a emissão de gases com efeito de estufa, 3 engenheiros petrolíferos inquiridos ou 6,25% referem doenças respiratórias e queimaduras, 2 inquiridos ou 4,17% referem a deslocação de populações, 2 outros referem o desequilíbrio ecológico e apenas um dos inquiridos ou 2,08% refere a partilha da riqueza.

Gestão e prevenção dos riscos e das catástrofes provocadas pela erupção límbica

Quadro 17. Gestão dos riscos

Como podem ser geridos e prevenidos os riscos e as catástrofes provocados pela erupção límnica do lago Kivu? a. Como podem ser geridos os riscos?	Força de trabalho	%	% válido	Acumulado
Afastar a população da zona de alto risco	23	47,91	47,91	47,91
Estudo da probabilidade de uma erupção límnica	05	10,42	10,42	58,33
Viver em zonas de altitude	12	25,00	25,00	83,33
Proibição de actividades agrícolas e pastoris nas zonas de risco	08	16,67	16,67	100,00
Total	**48**	**100,00**	**100,00**	

Interpretação: Com base nos resultados encontrados na tabela acima, para gerir os riscos, 23 dos nossos inquiridos (47,91%) disseram que a população deveria afastar-se da zona de alto risco, 12 inquiridos (25%) disseram que deveriam viver em zonas de altitude elevada, 8 inquiridos (16,67%) disseram que deveriam proibir as actividades agrícolas e pastoris nas zonas de alto risco, enquanto 5 inquiridos (10,42%) sugeriram o estudo da probabilidade de uma erupção límnica.

Quadro 18. Gestão de catástrofes

Como gerir e prevenir os riscos e as catástrofes decorrentes da erupção límnica do lago Kivu? b. Como gerir a catástrofe	Força de trabalho	%	% válido	Acumulado
Isolar a área afetada pelos vapores de gás	09	18,75	18,75	18,75
Criar uma estrutura de gestão da assistência em caso de catástrofe nos aglomerados urbanos circundantes	07	14,58	14,58	33,33
À procura de sobreviventes	09	18,75	18,75	52,08
Evacuação dos feridos	05	10,42	10,42	62,5
Criação de uma unidade de crise	02	4,17	4,17	66,67
Criação de um comité de assistência em caso de catástrofe	02	4,17	4,17	70,84
Reinstalação da população na zona de perigo	03	6,25	6,25	77,09
Manter a sinalização de "perigo tóxico"	07	14,58	14,58	91,67
Encontrar uma área de reinstalação remota	04	8,33	8,33	100,00
Total	**48**	**100,00**	**100,00**	

Interpretação: Os resultados obtidos na tabela acima mostram que 9 dos inquiridos (18,75%) falaram em isolar a área afetada pelos vapores de gás, outros 9 (18,75%) disseram que iriam tentar encontrar os sobreviventes, 7 inquiridos (14,58%) falaram em criar uma estrutura de gestão de catástrofes nas cidades circundantes, outros 7 inquiridos falaram em manter os sinais de "perigo tóxico", enquanto 5 inquiridos (10,42% falaram em evacuar os feridos, 4 inquiridos (8,33%) disseram que iriam procurar uma área remota para se reinstalarem, 3 inquiridos (6,25%) disseram que iriam evacuar a população na zona de perigo, enquanto 2 inquiridos (4,17%) falaram em criar uma unidade de crise e 2 outros inquiridos em criar um comité de assistência às vítimas; tudo para gerir a catástrofe.

Quadro 19. Prevenção de riscos

Como gerir e prevenir os riscos e as catástrofes decorrentes da erupção límnica do lago Kivu?	Força de trabalho	%	% válido	Acumulado

c. Como é que os riscos podem ser evitados?				
Desgaseificação do Lago Kivu	36	75,00	75,00	75,00
Instalação de estações sísmicas no lago	09	18,75	18,75	93,75
Informar os residentes locais de possíveis riscos	03	6,25	6,25	100,00
Total	**48**	**100,00**	**100,00**	

Fonte: A nossa investigação e análise 2023

Interpretação: Esta tabela mostra que para prevenir o desastre, 36 inquiridos (75%) eram da opinião que o Lago Kivu deveria ser desgaseificado, 9 inquiridos (18.75%) sugeriram a instalação de estações sísmicas no lago e 03 outros (6.25%) sugeriram informar a população local dos possíveis riscos.

Quadro 20. Prevenção de catástrofes

Como gerir e prevenir os riscos e as catástrofes decorrentes da erupção límnica do lago Kivu? d. Como é que podemos evitar uma catástrofe?	Trabalhadores	%	% válido	Acumulado
Criação do projeto de desgaseificação do lago	20	41,67	41,67	41,67
Extração de gás metano	26	54,17	54,17	95,84
Controlo regular do estado limnológico do lago	02	4,16	4,16	100,00
Total	**48**	**100,00**	**100,0**	

Fonte: A nossa investigação e análise 2023

Interpretação: Com base neste quadro, para evitar uma catástrofe de erupção do lago, 26 dos nossos inquiridos (54,17%) propuseram a extração de gás metano, 20 inquiridos (41,67%) propuseram a criação de um projeto de desgaseificação do lago e, por fim, 2 inquiridos (4,16%) propuseram a monitorização regular do estado limnológico do Lago Kivu.

Factores endógenos, exógenos e heterogéneos comparativos entre o Lago Kivu e o Lago Nyos no que diz respeito à erupção límnica

Tabela 21. Factores endógenos

Quais são os factores endógenos, exógenos e heterogéneos? entre o Lago Kivu e o Lago Nyos em termos de erupção calcária? a. Desfactores endógeno	Força de trabalho	%	% válido	Acumulado
Convergência				

	Número	%	% válida	% cumulativa
Ambos os lagos são meromícticos	18	37,50	37,50	37,50
Elevada concentração de gases dissolvidos	23	47,92	47,92	85,42
Alimentado por gases vulcânicos	06	12,50	12,50	97,92
Profundidade elevada	01	2,08	2,08	**100,00**
Total	**48**	**100,00**	**100,00**	
Divergência				
O gás contido no Lago Kivu é mil vezes superior ao que existia em Nyos antes da catástrofe.	43	89,58	89,58	89,58
O Kivu é alimentado por fracturas vulcânicas, enquanto o Nyos está localizado numa cratera.	05	10,42	10,42	100,00
Total	**48**	**100,00**	**100,00**	

Fonte: A nossa investigação e análise 2023

Interpretação: Com base nestes resultados, 23 inquiridos (47,92%) consideraram a alta concentração de gases dissolvidos como um fator endógeno de convergência entre o Lago Kivu e o Lago Nyos no que diz respeito à erupção calcária, 18 inquiridos (37,50%) mencionaram o facto de estes dois lagos serem meromícticos, 6 inquiridos (12,50%) falaram da alimentação destes dois lagos por gases vulcânicos e apenas um inquirido (2,08%) falou da profundidade destes dois lagos como um fator endógeno de convergência.

Depois de os inquiridos terem mencionado os factores endógenos de convergência, foi a vez dos factores de divergência. 43 inquiridos (89,58%) mencionaram o facto de o gás contido no Lago Kivu ser mil vezes superior ao do Lago Nyos antes da catástrofe, enquanto 05 inquiridos (10,42%) falaram do abastecimento do Kivu por fracturas vulcânicas e o do Nyos, que se situa numa antiga cratera.

Tableau 22. Factores exógenos

Quais são os factores Número % % válida % cumulativa heterogeneidades endógenas, exógenas e comparativas entre o lago Kivu e o lago Nyos no que respeita à erupção calcária?

b. Factores exógenos

	Número	%	% válida	% cumulativa
Convergências				
Proximidade de zonas vulcânicas	37	77,08	77,08	77,08
Terramotos	11	22,92	22,92	100,00
Total	**48**	**100,00**	**100,00**	
Divergências				
Deslizamentos de terra	11	22,92	22,92	22,92
População envolvente	18	37,50	37,50	60,42
O fluxo de lava vulcânica	19	39,58	39,58	**100,00**
Total	**48**	**100,00**	**100,00**	

Fonte: A nossa investigação e análise 2023

Interpretação: Com base na tabela acima, 37 inquiridos (77,08%) consideraram a proximidade de áreas vulcânicas como um fator exógeno para a convergência entre o Lago Kivu e o Lago Nyos, enquanto 11 inquiridos (22,92%) consideraram os terramotos como um fator exógeno para a convergência.

Quanto aos factores endógenos divergentes, 19 dos nossos inquiridos (39,58%) mencionaram os fluxos de lava vulcânica, 18 inquiridos (37,50%) mencionaram a população circundante como um fator exógeno na divergência entre o Lago Kivu e o Lago Nyos, e 11 inquiridos (22,92%) mencionaram os deslizamentos de terras.

Tableau 23. Factores heterogéneos

Quais são os factores Número % % válida % cumulativa heterogeneidades endógenas, exógenas e comparativas entre o lago Kivu e o lago Nyos no que respeita à erupção calcária?

c. Factores heterogéneos

Convergências				
Desequilíbrio tectónico de Planck	28	58,33	58,33	58,33
Actividades vulcânicas	20	41,67	41,67	100,00
Total	**48**	**100,00**	**100,00**	
Divergências				
Erupção vulcânica interna	39	81,25	81,25	81,25
Alterações climáticas	09	18,75	18,75	100,00
Total	**48**	**100,00**	**100,00**	

Fonte: A nossa investigação e análise 2023

Interpretação: De acordo com os resultados desta tabela, 28 dos nossos inquiridos (58,33%) assinalaram que o desequilíbrio tectónico de Planck foi o fator heterogéneo na convergência entre o Lago Kivu e o Lago Nyos, e 20 inquiridos (41,67%) disseram que a atividade vulcânica foi a causa.

Quanto aos factores de divergência heterogéneos, 39 inquiridos (81,25%) consideraram que a erupção vulcânica doméstica era o fator de divergência, enquanto 9 inquiridos (18,75%) disseram que as alterações climáticas eram o fator de divergência.

III.2 Discussão dos resultados

Discutir os nossos resultados significa relacioná-los entre si e com o que já era conhecido. De uma forma metafórica, poderíamos dizer que a discussão consiste em fazer com que os nossos resultados conversem com todas as outras secções (Mogneau P, 2008, Presses de l'Université du Québec).

Desta forma, a discussão dos resultados permite analisar e interpretar os resultados em relação à questão de investigação a que dá resposta.

Com este objetivo em mente, realizámos o nosso trabalho de campo. Dos nossos inquiridos, 75% eram do sexo masculino, 37,5% tinham idades compreendidas entre os 31 e os 35 anos, 52,08% eram casados e 66,67% tinham um emprego. Todos os inquiridos afirmaram conhecer a erupção cutânea límbica, como mostra a tabela 14.

111.2.1.   A possibilidade de uma erupção calcária no Lago Kivu

Em geral, a água do lago mistura-se quando a água da superfície é arrefecida pelas temperaturas do ar no inverno ou pelos rios que transportam o degelo da neve na primavera. Este degelo afunda-se e a água mais quente e menos densa sobe das profundezas do lago, um processo conhecido como convecção.

Os resultados do nosso inquérito confirmam a nossa **hipótese inicial** no Quadro 15, segundo a qual a erupção límnica no Lago Kivu é possível, de acordo com 100% das pessoas inquiridas.

Cientistas da Universidade de Liège, na Bélgica, no seu estudo de 2014 sobre o lago Kivu, intitulado "Os segredos do lago Kivu", argumentaram que uma concentração demasiado grande deste gás poderia, de facto, causar uma erupção catastrófica (Les secrets du lac Kivu, [102]www.reflexions.uliege.be/cms/c_340052/en/les-secrets-du-lac-kivu, acedido em 05/09/2023 às 15h00) . Dois lagos nos Camarões também contêm grandes quantidades de CO_2 dissolvido, embora em quantidades muito mais pequenas do que o Lago Kivu. O Lago Monoun sofreu uma erupção gasosa em 1984 e o Lago Nyos, que entrou em erupção em 1986, matou quase 2 000 pessoas.

[15]No entanto, para Klaus Tietze (citado por François Misser, 2014, p81) , no caso do Lago Kivu, o seu risco particular de erupção límnica deve ser tido em conta para além de quaisquer preocupações económicas.

111.2.2. As consequências da erupção límnica do lago Kivu

Os gases dissolvidos no fundo do lago Kivu não são tão dóceis como os conhecemos e, no caso de uma erupção calcária, as consequências negativas são enormes. Até à data, apenas foram observadas duas erupções lícnicas em três lagos susceptíveis de as ter (incluindo o Kivu), nomeadamente o Monoun em 1984 e o Nyos em 1986. No caso do lago Monoun, os danos foram ignorados pelas autoridades e pelos cientistas até ao momento em que o Nyos fez quase 2.000 vítimas.

Com base nos resultados do nosso estudo, as consequências da erupção límnica do Lago Kivu seriam a morte de espécies animais (por asfixia), uma **hipótese confirmada** por 64,58% dos nossos inquiridos (Tabela 16).

111.2.2.1. Consequências positivas

Não são possíveis quaisquer consequências positivas da erupção calcária.

111.2.2.2. Consequências negativas

- A morte de homens e animais por asfixia:

Na altura da catástrofe, estas mortes teriam sido causadas por uma explosão no lago vulcânico, que libertou gases e fumos venenosos que asfixiaram quem os respirou. No entanto, os médicos que visitaram a região após a tragédia constataram que os sobreviventes sofreram queimaduras nos pulmões e na pele; eram evidentes os sinais de queimaduras e ferimentos nos cadáveres. Estas constatações não se coadunam com a afirmação de que as vítimas teriam morrido apenas por asfixia devido à inalação de gás envenenado (West Africa, 1987,1772-1773, p3) [68].

Mathieu YALIRE, (chefe de geoquímica do Observatório Vulcanológico de Goma) salienta que não foi o metano que causou os maiores danos, em comparação com o dióxido de carbono (CO_2). O dióxido de carbono, sendo um gás mais pesado do que o ar, não se teria evaporado verticalmente em locais muito altos. [69]Espalhar-se-ia horizontalmente por toda a sub-região, provocando a morte de todos os seres vivos por asfixia (Auguy Blaise M., 2004, p34).

A catástrofe do Lago Nyos continua a ser, até hoje, o acontecimento natural mais trágico que atingiu os Camarões, com numerosas mortes, perda de vida selvagem e deslocação de populações. Três aldeias de baixa altitude foram particularmente afectadas: Nyos, com cerca de 1.200 mortos; Subum, com cerca de 300 mortos; e Cha, com cerca de 200 mortos. As aldeias situadas longe do Lago Nyos e a norte de Cha, na bacia de Mbum, registaram 21 mortes (aldeia de Fang, Mashi, Mundambili e Mufo) (Mesmin Tchindjang e Njilah Isaac Konfor, 2001, p52) [39].

Outras consequências citadas em pequenas proporções pelos nossos inquiridos incluem as emissões de gases com efeito de estufa, a deslocação da população, o desequilíbrio ecológico, as doenças respiratórias e as queimaduras (Quadro 16).

111.2.3. Gestão e prevenção de catástrofes na erupção límnica do lago Kivu

Com base nos resultados das tabelas 17, 18, 19 e 20, 47,91% dos nossos inquiridos propuseram afastar a população da zona de alto risco para gerir os riscos (Tabela 17), 18,75% propuseram isolar a zona afetada pelos fumos de gás e 18,75% propuseram tentar encontrar os sobreviventes para gerir a catástrofe (Tabela 18).

Para prevenir os riscos, 93,75% dos nossos inquiridos propuseram a desgaseificação do Lago Kivu (Tabela 19), enquanto 54,17% propuseram a extração de metano para prevenir o desastre (Tabela 20).

111.2.3.1. Gestão de riscos e catástrofes

111.2.3.1.1. Gestão do risco

O risco pode ser definido, em termos gerais, como uma situação em que existe a possibilidade de as pessoas ou os bens sofrerem consequências negativas. [58]Refere-se ao número esperado de vidas perdidas, pessoas feridas, danos à propriedade e perturbação das actividades económicas devido a um determinado fenómeno natural (CEEAC e GFDRR, 2021, p7) .

De acordo com o mesmo módulo da CEEAC, os riscos associados aos gases contrastam fortemente com outros riscos vulcânicos, como os *fluxos de lava, os fluxos piroclásticos e as quedas de cinzas* (p. 170). o CO_2 é 1,5 vezes mais denso que o ar, desce a baixas altitudes e desloca o oxigénio.

Afastar a população das zonas de alto risco, como afirmado por 47,91% dos nossos inquiridos (Tabela 17), significa simplesmente que o governo deve tomar medidas para identificar as zonas de alto risco e deslocar as pessoas susceptíveis de serem afectadas pela erupção.

111.2.3.1.2. Gestão de catástrofes

Uma catástrofe é uma perturbação grave no funcionamento de uma sociedade/comunidade, causando perdas humanas, materiais e ambientais generalizadas, que excedem a capacidade da sociedade afetada para as enfrentar utilizando os seus próprios recursos (ISDR, 2017, citado por CEEAC e GFDRR, 2021, p8) [58].

No entanto, para gerir a catástrofe ligada à erupção límnica do Lago Kivu, os nossos inquiridos sugeriram, por um lado, isolar a zona afetada pelos vapores de gás e, por outro, tentar encontrar os sobreviventes, facto atestado por 18,75% de ambas as partes (Quadro 18).

1. Isolar a área afetada pelos vapores de gás

Isolar a área significa, basicamente, cercar ou confinar a zona já afetada pelos gases (erupção límnica) para impedir a entrada e a saída, e depois tomar medidas para cuidar dos sobreviventes e evacuar os que morreram.

2. À procura de sobreviventes

Uma vez isolada a zona afetada pelos vapores de gás, é sempre necessário procurar as pessoas presas pelos gases asfixiantes, as vítimas de queimaduras ou de qualquer outro obstáculo, os feridos graves e os sobreviventes, para que possam ser assistidos nas instalações adequadas.

Outras propostas foram também levantadas pelos nossos inquiridos em comparação com a erupção límnica de Nyos em 1986, tais como: Criar uma estrutura de gestão de socorro nas cidades circundantes; evacuar os feridos (todos os que inalaram, queimados, etc); tentar encontrar todos os sobreviventes na zona afetada; criar uma unidade de crise a nível nacional; criar um comité provincial e/ou inter-provincial de assistência às vítimas; Evacuar a população das zonas perigosas; Manter a sinalização de "perigo tóxico"; Proibir as actividades agrícolas e pastoris e mesmo a construção nas zonas afectadas; Proibir a circulação entre as 18h00 e as 06h00; Procurar uma zona remota para reinstalação (Quadro 18).

111.2.3.2. Prevenção de riscos e catástrofes

111.2.3.2.1. Prevenção de riscos

Diz-se que "governar é prever". Uma vez identificados os riscos, é necessário prevenir os seus efeitos. É por isso que os nossos inquiridos propuseram que 93,75% do Lago Kivu fosse desgaseificado (Quadro 19).

O que é a desgaseificação?

Esta técnica consiste em colocar um tubo de polietileno verticalmente no lago. Uma bomba mecânica aspira a água no topo da coluna. O líquido retirado das águas profundas do lago (rico em gás dissolvido) sobe pela coluna. A sua pressão diminui e a água aproxima-se do limite de saturação. Quando a saturação é atingida, começam a formar-se bolhas que sobem naturalmente na coluna. Novas bolhas aparecem, arrastando consigo o líquido. Uma vez iniciado este processo, a bomba deixa de ser necessária e pode ser desligada. Um jato de água jorra da coluna e dissipa o inofensivo dióxido de carbono para a atmosfera.

Outros inquiridos sugeriram que se informasse a população envolvente sobre os possíveis riscos, a fim de prevenir os riscos associados a este tipo de erupção.

111.2.3.2.2. Prevenção de catástrofes

Uma vez que os nossos resultados estabelecem que é possível uma catástrofe ligada a uma erupção límnica, é imperativo preveni-la. Nesta perspetiva, 54,17% dos nossos inquiridos propuseram a extração de gás metano do Lago Kivu para evitar esta catástrofe (Quadro 20). Outros inquiridos, em menor escala, propuseram outras soluções, incluindo um projeto de desgaseificação do Lago Kivu e uma monitorização regular do estado limnológico do lago;

111.2.4. Comparação dos factores endógenos, exógenos e heterogéneos entre o Lago Kivu e o Lago Nyos (no que diz respeito à erupção límnica).

111.2.4.1. Factores endógenos

Falamos de um facto endógeno, um facto que vem de dentro (Le Grand Robert). Os dois lagos convergem nas elevadas concentrações de gases dissolvidos, como afirmam 47,92% dos nossos inquiridos (Quadro 21), enquanto os factores endógenos de divergência são que o Lago Kivu contém mil vezes mais gases dissolvidos do que o Lago Nyos antes da catástrofe, por 89,58% (Quadro 21).

111.2.4.2.   Factores exógenos

Estamos a falar de um fator exógeno, um fator que vem do exterior. O fator exógeno convergente para o Lago Kivu e o Lago Nyos é a proximidade de zonas vulcânicas, como afirmado por 77,08% dos nossos inquiridos, e o fator divergente é o fluxo de lava vulcânica, para 39,58% (Quadro 22).

111.2.4.3.   Factores exógenos

Finalmente, o fator heterogéneo é aquele que é composto por elementos de natureza diferente. No entanto, os factores heterogéneos comparativos entre o Lago Nyos e o Lago Kivu convergem no desequilíbrio tectónico de Planck para 58,33% e divergem na erupção vulcânica interna para 81,25% dos nossos inquiridos (Quadro 23).

Conclusão parcial

Nesta parte, apresentámos os resultados, a sua interpretação e discussão dos resultados do inquérito, e comparámos os nossos resultados com os dados do Lago Nyos. As nossas hipóteses foram confirmadas e foi elaborado um plano de gestão e de prevenção dos riscos e das catástrofes ligadas à erupção límnica.

CAPÍTULO IV

PROJECTO DE PREVENÇÃO DO RISCO
DE ERUPÇÃO LÍMNICA NO LAGO KIVU

1. TÍTULO DO PROJECTO :

O projeto que propomos intitula-se "Projet de prévention des risques d'une éruption limnique au lac Kivu" ou P.P.R.E.L-LK para abreviar.

2. ÂMBITO DO PROJECTO

Este projeto será realizado no Lago Kivu.

3. JUSTIFICAÇÃO DO PROJECTO

O nosso projeto justifica-se pelo facto de o lago estar tão saturado de CO_2 que é suscetível de provocar uma erupção límnica.

4. DURAÇÃO DO PROJECTO

Este projeto será realizado ao longo de um período de 5 anos ou 60 meses.

5. FASES DO PROJECTO

Quadro 24. Fases do projeto

N°	FASES DO PROJECTO	ACTIVIDADES POR FASE
01	Palco decente no Lago Kivu	J Contactar as autoridades locais J Procura de equipamento, alojamento ou acampamento e outros requisitos necessários J Constituição das equipas e do equipamento
02	Fase de estudo de campo	J Estudo do campo de gás do Lago Kivu J Estudo do impacto do risco de uma erupção límnica J Recolher as informações necessárias sobre o Lago Kivu J Aprender sobre as espécies animais e vegetais do Lago Kivu
03	Fase de avaliação do impacto das actividades de desgaseificação e extração de metano	J Redução dos níveis de gases com efeito de estufa no lago J Produção de gás combustível através da exploração do gás metano do lago Kivu J Poupar a população de uma provável erupção límnica
04	Fase de conceção das medidas de prevenção dos riscos	J Conceber um plano de desgasificação do Lago Kivu
	o desequilíbrio ecológico e a erupção do limnic	J Conceber um plano responsável de extração de metano J Favorecer a ecologia do lago
05	Fase de conceção das medidas destinadas a reduzir a erupção isquémica durante as operações	J Elaboração de um plano de instalação de órgãos no Lago Kivu J Utilizar equipamento adequado
06	Fase de operacionalização	J Conceber um plano e empresas

		adequados para uma desgasificação eficaz J Assinatura de contratos com empresas profissionais de extração de metano
07	**Fase de acompanhamento das acções de prevenção**	**> Elaboração de um plano de acompanhamento e de avaliação das acções** **> Elaboração de um plano de controlo da eficácia, da eficiência e da racionalidade das acções** **> Elaborar um plano de auditoria e inspecionar o cumprimento das medidas por parte das empresas de gás**
08	Redação do relatório final	O relatório final será redigido periodicamente durante dois ou três dias após a saída do campo.

6. CALENDÁRIO DO PROJECTO

Tabela 25. Calendário do projeto

N°	FASES DO PROJECTO	DURAÇÃO
01	Palco decente no quarteirão de Kabuno	1 mês
02	Fase de estudo de campo	4 meses
03	Avaliação do impacto das actividades de desgasificação durante e após as operações	2 meses
04	Fase de conceção das medidas destinadas a evitar o desequilíbrio ecológico e a erupção calcária	2 meses
05	Fase de conceção das medidas destinadas a reduzir o desequilíbrio ecológico e a erupção calcária durante as operações de desgasificação	3 meses
06	Fase de operacionalização	44 meses
07	**Fase de acompanhamento das acções de prevenção**	3 meses
08	Redação do relatório final	1 mês
	DURAÇÃO MÁXIMA DO PROJECTO	60 meses ou 5 anos

7. FINANCIAMENTO DE PROJECTOS

Quadro 26. Financiamento de projectos

N°	Rubricas	MONTANTE EM USD
01	Um palco decente na sala de operações	USD 2.000

	Kabuno	
02	Fase de estudo de campo	50 000 USD
03	Fase de avaliação do impacto actividades de desgasificação durante e após as actividades	10 000 USD
04	Fase de conceção medidas a evitar desequilíbrio ecológico e a erupção límnica	15 000 USD
05	Fase de conceção medidas para reduzir desequilíbrio ecológico e erupção límbica durante o operações de desgaseificação	15 000 USD
06	Fase de operacionalização	USD 3.000.000
07	**Fase de acompanhamento da medição**	20 000 USD
08	Fase de redação do relatório final	40 000 USD
09	Cargas de desgaseificação	USD 1.200.000
10	Responsável pela investigação	100.000 USD
11	Carga de funcionamento	150 000 USD
12	Competências e consultoria	150 000 USD
13	Outras despesas e contingências	475.200 USD (20%)
MONTANTE SOLICITADO PARA		USD 5.227.200
Execução do projeto (em números e		Cinco milhões duzentos e vinte e sete mil
qualquer letra)		duzentos dólares americanos

8. PARCEIRO-ALVO PARA A CONCLUSÃO DO PROJECTO

Os parceiros que visamos para este projeto são :

J O Ministério dos Hidrocarbonetos da República Democrática do Congo J
Empresas de gás nacionais e internacionais

9. A MATRIZ DO QUADRO LÓGICO DO PROJECTO

Quadro 27. Matriz do quadro lógico do projeto

LÓGICA DE INTERVENÇÃO		RESUMO NARRATI VO DO PROJECT O	Indicadores objectivos	Fontes ou meios de verificação	Pressupostos ou condições críticas	
Lógica de intervenç ão	Justificaç ão	Este projeto de prevenção do risco	verificável (IOV) Desgaseifica	**Como é que se pode verificar se as medidas foram bem**	medid as Evitar	pressupos tos Utilizaríam

		de uma	ção efectiva	sucedidas?			os as
Este projeto tem uma intervenç ão científica	Porque aplica uma metodolo gia científica à prevençã o dos riscos	erupção límnica no Lago Kivu é um projeto emblemáti co que se centrará na prevenção	do lago Kivu e exploração dos blocos de gás do Kivu	Para medidas de prevenç ão	Reduzir os níveis de gases com efeito de estufa no lago	Descon to	equipas e o equipament o adequados
Este projeto tem uma intervenç ão ecológica	Porque estuda os riscos de uma erupção límnica ter "impactos na ecologia	deste tipo de flagelo. O projeto está localizado a sul de Goma, no Lago Kivu, e deverá		Para medidas de redução	Produçã o de gás combustí vel através da exploraç ão do gás metano do lago Kivu		A não libertação de gases para a biozona seria a medida deste facto.
Este projeto tem uma intervenç ão económic a	Cari cria um projeto de exploraçã o de gás subjacent e no Lago Kivu	ser realizado durante um período de 60 meses (5 anos),					
Este projeto tem uma intervenç ão sanitária	Porque previne as doenças que podem resultar da erupção límbica	com um custo máximo de 5.227.200 USD.					
Objectivos globais		O objetivo geral desta síntese narrativa é facilitar a	Permitir que os financiadores verifiquem o nível de	Avaliar o nível de desempenho		Para tornar este projeto uma realidade	
		garantir que o projeto é	deste projeto				

	compreendido de modo a obter o financiamento solicitado			
Objectivos específicos	■ Mostrar o carácter do projeto ■ Mostrar o custo total ■ Mostrar a duração do projeto	■ Permitir que os locadores sejam plenamente informados sobre todas as fases do projeto ■ Verificar o nível de execução ■ Avaliar o objetivo do projeto	Fornecer os meios para : ■ Permitir que os locadores sejam plenamente informados sobre todas as fases do projeto ■ Verificar o nível de execução ■ Avaliar o objetivo do projeto	■ As equipas e os equipamentos adequados ■ Sem libertação de gases para a biozona ■ Instalações de desgaseificação funcionais
Resultados	O projeto compreendido e o financiamento obtido	O projeto foi realizado e avaliado	Resultados satisfatórios, riscos reduzidos	O projeto foi bem executado
Actividades	■ Comunicar a natureza do projeto ■ Mostrar o custo total ■ Respeitar a duração do projeto	■ Dar a conhecer todas as fases do projeto aos organismos de financiamento ■ Acompanhar frequentemente o projeto ■ Avaliar o objetivo do projeto	■ Informar os financiadores sobre todas as fases do projeto ■ Elaborar um relatório de acompanhamento do projeto ■ Avaliação do projeto	■ Fornecer às equipas qualificadas o equipamento adequado ■ Libertação de gases inofensivos para a atmosfera ■ Funcionamento regular das instalações de desgasificação

10. RESULTADOS ESPERADOS

- Prevenir o risco de uma erupção límbica
- Exploração de instalações de desgasificação
- Assegurar que as actividades não enfraquecem o monimolimnion
- O impacto ecológico durante e após as operações deve ser tido em conta

11. RESUMO DO PROJECTO

Este projeto, intitulado "Projeto de prevenção dos riscos de uma erupção calcária no lago Kivu", tem vários objectivos: de um ponto de vista científico, introduz uma metodologia científica para a prevenção dos riscos; de um ponto de vista ecológico, estuda os riscos de uma erupção calcária com impacto na ecologia; de um ponto de vista económico, cria um projeto de exploração de gás subtil no Lago Kivu; e de um ponto de vista sanitário, previne as doenças que poderiam ser causadas por uma erupção calcária e preserva a saúde das pessoas que poderiam perder a vida em consequência dessa erupção.

CONCLUSÃO GERAL E SUGESTÕES

O Lago Kivu, situado no Rift da África Oriental, numa espetacular paisagem vulcânica, tem fascinado a população local e inspirado lendas; os exploradores do século XIX, inspirando relatos românticos; e os cientistas dos séculos XX e XXI, inspirando investigação limnológica e geoquímica. [30]Para alguns, o Lago Kivu é um "lago assassino", contendo grandes quantidades de dióxido de carbono e metano nas suas águas profundas e anóxicas, e tem sido comparado aos Lagos Nyos e Monoun, cujas erupções causaram uma mortalidade animal e humana maciça nos Camarões (J.-P. Descy et al., 2012, p1) .

Desde a época colonial, foram efectuados vários estudos sobre o Lago Kivu e o Lago Nyos, aos quais este trabalho vem dar continuidade. As elevadas concentrações de gases dissolvidos no Lago Kivu não nos deixaram indiferentes ao incidente ocorrido no Lago Nyos em 1986.

Este estudo centrou-se na comparação dos vários dividendos comparáveis entre o Lago Nyos antes, durante e depois da catástrofe do Lago Nyos com as caraterísticas actuais do Lago Kivu em termos de erupção límnica.

Para isso, estabelecemos um certo número de objectivos, sendo o objetivo geral descobrir se é possível uma erupção límnica no Lago Kivu, e os objectivos específicos foram formulados da seguinte forma

- Identificar as possíveis consequências da erupção límnica do lago Kivu;
- Elaboração de um plano de gestão e de prevenção de catástrofes para a erupção límnica do lago Kivu;
- Comparação dos factores endógenos, exógenos e heterogéneos entre o Lago Kivu e o Lago Nyos no que diz respeito à erupção calcária

Para realizar este estudo, utilizámos vários métodos, técnicas, instrumentos e materiais para recolher, analisar e interpretar os resultados, incluindo métodos observacionais, fenomenológicos, empíricos, históricos, analíticos, comparativos, estatísticos e descritivos; técnicas como : documental, entrevista, inquérito e questionário, focus group, deteção remota, sísmica, análise crítica, modelação e simulação, gravimetria, análise de caso, disign, longitudinal, transversal, correlação e finalmente a técnica de Gamma Ray e finalmente materiais e ferramentas como: GPRS, GPS, onda P e S, bússola, sistema Telematix, SIG, ArcGis, Sismógrafo e gravímetro.

Este estudo levou às seguintes conclusões: Os resultados do nosso inquérito confirmam a nossa **primeira hipótese** do quadro 15: uma erupção calcária no lago Kivu é possível, segundo 100% dos inquiridos (1); as consequências de uma erupção calcária no lago Kivu seriam a morte de espécies animais (por asfixia), **hipótese confirmada** por 64,58% dos nossos inquiridos (quadro 16); de acordo com os resultados encontrados nos quadros 17, 18, 19 e 20, para gerir os riscos, 47,91% dos nossos inquiridos propuseram afastar a população da zona de risco (quadro 17), 18,75% propuseram isolar a zona afetada pelos vapores de gás e 18,75% propuseram tentar encontrar os sobreviventes para gerir a catástrofe (quadro 18); para prevenir os riscos, 93,75% dos nossos inquiridos propuseram a desgaseificação do Lago Kivu (Tabela 19), enquanto 54,17% propuseram a extração de gás metano do Lago Kivu para prevenir o desastre (Tabela 20).

Os dois lagos convergem nas altas concentrações de gases dissolvidos, como afirmam 47,92% dos nossos inquiridos (Tabela 21), enquanto o fator endógeno de divergência é que o Lago Kivu contém mil vezes mais gases dissolvidos do que o Lago Nyos antes da catástrofe, como afirmam 89,58% (Tabela 21). O fator exógeno convergente para o Lago Kivu e o Lago Nyos é a proximidade de áreas vulcânicas, como afirmado por 77,08% dos nossos inquiridos, e o fator divergente é o fluxo de lava vulcânica (39,58%) (Quadro 22). Finalmente, o fator heterogéneo é constituído por elementos de natureza diferente. No entanto, os factores heterogéneos comparativos entre o Lago Nyos e o Lago Kivu convergem no desequilíbrio tectónico de Planck com 58,33% e divergem na erupção vulcânica interior com 81,25% dos nossos inquiridos (Quadro 23).

Por fim, que o governo possa evitar uma catástrofe semelhante à que se verificou no Noroeste (Camarões) em 21 de agosto de 1986 em Nyos, que custou a vida a muitas pessoas e gado, e uma catástrofe ecológica irreversível que custaria a vida a mais de 5 milhões de pessoas nas zonas circundantes (Goma, Bukavu, Idjwi, Kalehe, etc.). É nesta perspetiva que elaborámos um projeto de prevenção dos riscos associados à erupção límnica do lago Kivu para ser utilizado pelo governo.

Neste sentido, seria importante, em estudos futuros, analisar a implementação do plano de prevenção e gestão de riscos e catástrofes, tal como verificado neste estudo. Qualquer contribuição para melhorar este trabalho é essencial.

BIBLIOGRAFIA

1. OBRAS GERAIS

1. ᵉᵐᵉAKTOUF Omar, (1992: 2 edição), *Méthodologie des sciences sociales et approche qualitative des organisations*, Canada (Québec): Presses de l'Université du Québec; 213pages. ISBN 2760504573, 9782760504578

2. Alberto V. Borges, Cédric Morana, Steven Bouillon, Pierre Servais, Jean-Pierre Descy e François Darchambeau (2014) ; *Carbon cycling of Lake Kivu (East Africa) : Net Autotrophy in the Epilimnion and Emission of CO2 to the Atmosphere Sustained by geogenic Inputs ;* Ed. PloSOne, 9(10): e1095000, Geophysical research Abstracts; 196 páginas, DOI 10.1371/journal.pone.0109500

3. Alfred Wüest, Lukas Jarc e Martin Schmid, (2009); *Modelação da reinjecção de águas profundas após extração de metano no lago Kivu*, Suíça (Kastanienbaum): EAWAG, Investigação e GestãoCH-6047 Kastanienbaum; 141páginas

4. Anaelle Milon e Saeed Paivandi (2022) ; *Enquêter dans les métiers de l'humain : Traité de méthodologie de la recherche en sciences de l'éducation et de formation, Tome I*, France (Loraine) : Editions Raison et Passions : Hors collection, 286 pages

5. André MEYER, (1955), *Aperçu historique de l'exploration et de l'étude des regions volcaniques du Kivu, parc National Albert,*VIII, Missions d'études Voulcanologiques, Fascicule 1, Congo-Belge (Léopoldville).

6. Andreas Lorke, Klaus Tietze, Michel halbwachs, Alfred Wüest, (2004); *Resposta da estratificação do Lago Kivu ao influxo de lava e ao aquecimento climático,* Suíça (Kastanienbaum): Sociedade Americana de Limnologia e Oceanografia, Inc; 49 (3), pp778 - 783, 6pages

7. ᵉANYENYOLA WELO (2008 :2 édition) ; *Essai de sociologie de la religion*, RDC (Lubumbashi) : Imprensa Universitária de Lubumbashi (UNILU)

8. Beadle Leonard C., (1981: 2ª edição); *The inland waters of tropical Africa - An introduction to tropical limnology*, England (London), Longman publishers, 475pages

9. Bertram Boehrer, Wolf von Tümpling, Ange Mugisha, Christophe Rogemont, Augusta Umutoni (2020) ; *Referência fiável para a concentração de metano no Lago Kivu no início da exploração industrial*, Ruanda, 22p

10. Brice MOLO, (2019) ; *une géohistoire des catastrophes rumourogènes au Cameroun : les éruptions limniques de Njidoun et Nyos 1984 - 1986*, Géocarrefour

11. DAGNELIE P., (1998); *Statistique théorique,* Tome1, éd. De Boeck, Bruxelles

12. ᵉᵐᵉDaniel Caumont (2016), *Les études du marché*, Ed. Dunod, coleção Les topos, 5 edição, Paris, ISBN 978-2-10-074548-7

13. DE KETELE J. M. e ROEGIERS X., (1996) ; *Méthodologie de recueil d'information Fondement des méthodes d'observation, de questionnaires, d'interview et d'étude de documents*, De Boeck, Bruxelles

14. Degens et al, (1973); *Lake Kivu : Structure chemistry and biology of an East African Rift Lake*, Geologisch Rundschaer, n° 62, 245p

15. François Misser, (2014) ; *Hydrocarbures : l'Etat affirme sa volonté d'exploiter la ressource, Conjonctures congolaises*, 65 - 96, 32p

16. Friedrich Ebert Stiftung, (2016), *Metodologia de investigação científica para organizações da sociedade civil*, 50p

17. G. BORGNIEZ, (1960 : fasc. 1); *Données pour la mise en valeur du gisement de*

méthane du lac Kivu ; mémoires in 8°, nouvelle série, Tome XIII, 1960, Bruxelles 5, 117p

18. ᵉᵐᵉGrawitz Madeleine (1979:4 ed.); *Méthodes des Sciences Sociales*, Dalloz, Paris

19. ᵉᵐᵉGrawitz Madeleine (1986:3 ed.); *Méthodes des Sciences Sociales*, Dalloz, Paris

20. H. Damas (1938), *Exploration du Parc National Albert, Institut des Parcs nationaux du Congo Belge*, Missão H. Damas (1935 - 1936), Ed. LELOUP, Bruxelas

21. H. Damas (1938), *Quelques caractères écologiques de trois lacs équatoriaux : Kivu, Edouard, Ndalaga ;* Tome LXVIII, Institut Ed. van Bereden, Bruxelles, Imprimérie Forton, Victor Greyson, pp121-135, 16p

22. Haberyan K. A. e Hecky R.E., (1987), *The late Pleistocene and Holocene stratigraphy and Palelimnology of Lakes Kivu and Tanganyika, Paleogeography, Paleoclimatology, Paleoecology*; 61, pp169-197

23. HOFMANN A. M. e BRAY L., (1988), *Le travail de fin d'études : une approche méthodologique du mémoire*, Ed. Masson, Paris

24. AIEA, (2003); *GUIDELINES FOR RADIOELEMENT MAPPING USING GAMMA RAY SPECTROMETRY DATA*, Agência Internacional da Energia Atómica, AIEA, VIENA, IAEA-TECDOC-1363, ISBN 92-0-108303-3, 173p.

25. Isumbisho M., Sarmento, H., Kaningini, B., Micha J.C. e Descy, J.P., (2006); *Zooplâncton do Lago Kivu, África Oriental: meio século após a introdução da sardinha do Tanganica*. J. Plankton Research 28(11): 1 -989.

26. J. CHEVALIER (1992); *Administration de l'entreprise*, Ed. Dunod, Paris

27. ᵉᵐᵉᵉJaveau Claude (1990 :4 éd.); *L'enquête par questionnaire : Manuel à l'usage du praticien*, 2 tir., Edition de l'université de Bruxelles

28. Jean Verbeke (1957) ; *Recherches écologiques sur la faune des grands lacs de l'Est du Congo Belge*, Bruxelas, 215p

29. ᵉᵐᵉJean-Marie Van Der Maren (2014 :3 edição), *Investigação aplicada para profissionais*, Ed. De Boeck, 304p

30. Jean-Pierre Descy, François Darchambeau e Martin Schmid, (2012); *Lake Kivu : Limnology and biogeochemistry of a tropical great lake*, Acquatic Ecology Series 5, Springer Science + Business Media BV, 196p

31. Klaus TIETZE, (1981); *Diret Measurements of the In-Situ Density of Lake and Sea Water with a New Underwater Probe System*, Geophysica, Vol 17, No 1-2, p.33-45.

32. Klaus Tietze, Finn Hirslund, Philip Morkel e John Boyle, Alfred Wüest e Martin Schmid (2010); *Management prescriptions for the Development of the Lake Kivu Gas Resources,* Expert working Groupon Lake Kvu Extraction, versão final para divulgação geral, (RDC - Ruanda), 38p

33. Klaus Tietze, Geyh M., Müller H. e Schröder L. (1980); *The genesis of methane in Lake Kivu (Central Africa)*, Geol. Rundsch. 69, 452 - 472.

34. Kling G. W., Clark M. A., Compton H. R., Devinee J. D., Evans W. C., Humphrey A. M., Koeningsberg E. J., Lockwood J. P., Tuttle M. L. e Wagner G. N., (1987); *The 1986 Lake Nyos disaster in Cameroon,* West Africa, Science, 236, , 169-175, 6p

35. M. POLL e H. Damas, (1938 : Fascicule 6); Poissons, *Parc national Albert, missão H. Damas 1935 - 1936*, 96p

36. M. Schmid, Alfred Wüest e Lukas Jarc, (2009); *Modelling the reinjection of deepwater after methane extraction in Lake Kivu*, EAWAG, Seestrasse 79, CH-6047 Kastanienbaum, Switzerland, 141p

37. M. Schmittz e Kufferath, (1956); *Recherche au Congo Belge et leur résultat pratique, bulletin agricole du Congo*, Bruxelas.

38. Martin Schmid, Andreas Lorke, Daniel Frank McGinnus, Michel Halbwachs, Klaus Tietze e Alfred Wüest, (2004); *Qual é o perigo da acumulação de gás no Lago Kivu? Argumentos para uma avaliação dos riscos à luz da erupção do vulcão Nyiragongo em 2002*, pp115-122, 8p

39. Mesmin Tchindjang e Njilah Isaac Konfor, (2001) ; *Risque d'inondation dans la vallée de Nyos*, Laboratoire de Géomorphologie, African Journal of Science and Technology, Université de Yaoundé, vol. 2, n°2, pp50-62, 13p

40. Moeyersons, J., Tréfois, P., Lavreau, J., Alimasi, D., Badriyo, I., Mitima, B., Mundala, M.,Munganga, D.O., e Nahimana, L., (2004) ; *A geomorphological assessment of landslide origin at Bukavu, Democratic Republic of the Congo;* Elsevier, Engineering Geology 72: 73 - 87.

41. Mulumbati Ngasha A., (2006); *Introduction à la science politique*, Ed. África, Lubumbashi, 2006, 543p

42. Muvundja F., Pasche N., Bugenyi F. W.B., Isumbisho M., Namugize B., Rinta P., Schmid M., Stierli R., Wüest A., (2009). *Balancing nutrient inputs to lake Kivu, Journal of great lakes researchs*, INS 0 380-1330.8. DOI : 10.1016/j.jglr.2009.06.02

43. ^{ème}N'da P., (2002 :2 édition) ; *Méthodologie de la Recherche, de la problématique à la discussion des résultats,* Edition universitaire de Côte d'Ivoire, Abidjan

44. Pasche N, Alunga G, Mills K, Muvundja F, Ryves DB, Schurter M, Wehrli B, Schmid M., (2010.) *Abrupt onset of carbonate deposition in Lake Kivu during the 1960s: response to recent environmental changes*. J. Paleolimnol. 44: 931-946.. DOI 10.1007/s10933-010-9465-x

45. Pasche N., Muvundja A. F., Schmid M., Wüest A. e Müller B. Descy J.-P.,(2012). (eds.), *Lake Kivu: Limnology and biogeochemistry of a tropical great lake, Aquatic Ecology Series 5*, DOI 10. 1007/978-94-007-4244-7_4, Springer science+Busiiness Media B.V. 31-44

46. Pasche, N., Schmid, M., Vazquez, F., Schubert, C., Wüest, A., Kesler J.D., Pack, M., A., Reeburgh, W.S., e Bürgman, H. (2011); *Methane sources and sinks in Lake Kivu.* J. Geophys. Res.116, G03006, DOI:10.1029/2011JG001690.

47. Patrice Stern e Jean-Marc Schottl (2019), *la boite à outil du consultant*, Ed. Dunod, coleção BàO, 192p

48. Paul-Alain NANA e Moïse NOLA, (2020) ; *Lacs Monoun et Nyos au Cameroun : quand la nature, la science et les pensées autochtones africaines se confrontent*, LEF, pp76 - 81, 6p

49. R. Temdjim, P. Boivin, G. Ghazot, C. Robin, E. Roulleau (2004), *L'hétérogenéité du manteau supérieur à l'aplomb du volcan Nyos (Cameroun) révélée par les enclaves ultrabasiques,* C.R. Geoscience, 336, pp1239 - 1244

50. ^{ème}Reuchlin M., (1973 :3 edição) ; *Les méthodes en psychologie*, P.U.F, Paris (França)

51. Sarmento, H., Isumbisho, M. and Descy, J.-P. (2006); *Phytoplankton ecology of*

Lake Kivu (Eastern Africa) J. Plankton Res. 28(9): 815-829.

52. Sarmento, H., Isumbisho, M., Stenuite, S., Darchambeau, F., Leporcq, B. e Descy, J.-P. (2009); *Ecologia do fitoplâncton do Lago Kivu (África Oriental): biomassa, produção e rácios elementares Verh.* Internat. Verein. Limnol. 2009, vol. 30, Parte 5, p. 709-713

53. Tristan FERROIR (2009), *Dinâmica eruptiva*, 14 de janeiro, 10p

54. W. Deuser, E. Degens, G. Harvey e M. Rubin (1973); *Methane in Lake Kivu: New Data Bearing on Its origin, Science,* vol. 181, no. 14094, pp51 - 54

55. ᵉᵐᵉYves-Chantal GAGNON (2012 : 2 edição), *L'étude des cas comme méthode de recherche,* Presse de l'université de Québec, 2012, 128p

56. Zhiwei Cui, Xinli Lu, Jialing Zhu, Wei Zhang (2020 :n°2) ; *Mesures dans le processus de dégazage du CO_2 en solution avec une référence particulière aux éruptions limniques provoquées par le CO_2,* proceedings, Géoscience, Tome 352, pp115- 126, 11p ;

2. PERIÓDICOS

57. Aurélien Augier (2021); *L'éruption de mai 2021 du Nyiragongo (République Démocratique du Congo) vue par interférométrie radar* ; Lycée Camille Guérin, Portiers, 10/06/2021, 6p

58. CEEAC e GFDRR (2021); *Les principaux dangers en Afrique Centrale*, Módulo, 183p

59. Dessus Benjamin, Laponche Bernard e Hervé Le Treut (2017) ; *Evaluer simplement l'importance pour le changement climatique des principaux gaz à effets de serre dans les scénarios mondiaux à partir des enseignements du dernier rapport du GIEC*, Article, 152, 15p

60. Gaju GAKINAHE, (1991) ; *L'eau et l'aménagement dans l'Afrique des grands Lacs,* : n°5, , Burundi (Bujumbura): Colloque de Bujumbura, Coleção " Pays enclavés ", artigo.

61. Serviço de Ajuda Humanitária da Comunidade Europeia (ECHO) (2003), *Le lac Kivu source de méthane, étude fondamentale, risques naturels. Exploração do metano do lago Kivu*, projeto de estação-piloto, *dados ambientais*

62. Isumbisho Mwapu P., (2000); *Regime alimentar das larvas e juvenis de Limnothrissa miodon (Bonger, 1906) no lago Kivu, R. D. Congo,* mémoire D.E.S, Fac. Sc. Université de Liège, 40 páginas

63. Michel Halbwachs, (2011), Exploitation optimale de la ressource en méthane du lac Kivu, Data environnement, 17 de novembro de 2011, 9pages

64. Muvundja Frabrice Amisi (2010); *Contribuições de nutrientes ribeirinhos para o lago Kivu;* Tese, Universidade de Makerere, Reg.No. 2007/HD13/11068X, 92páginas

65. Pietro Marzo, (2023); *Guide décolonisé et pluriversel de formation à la recherche en sciences sociales et humaines*, article

66. Stéphane Paquin, (2011) ; *Bouchard, Durkheim et la méthode comparative positive*, Québec (Canadá), volume 30, n°1, artigo, 2011, 57 - 74, 19p

67. Tahitie Ben, (2010), *Le système de prévention et de gestion des catastrophes environnements au Cameroun et le droit international de l'environnement,* Master 2, Universidade de Limoges, 64 páginas

68. África Ocidental (1987); *O Monstro do Lago Nyos*, Sydney, 1772 - 1773, 3p

3. TRABALHOS NÃO PUBLICADOS

69. Auguy Blaise MUMBERE MAPENDO (2004); *Alerta sobre a gestão dos ecossistemas do lago Kivu*, Goma (RDC), 42p

70. Dr. BOUTELDJA FATHE, (2017), *Cours de géophysique appliquée*, Université 08 mai 1945, Guelma, 104p

71. Ephrem KAMATE KALEGHETSO (2018) ; *Pétrographie et géochimie des laves du volcan Nyiragongo (Nord-Kivu, R. D. Congo) : Influence de la viscosité sur les paramètres de propagation des coulées de laves menaçant la ville de Goma*, tese de mestrado, Université de Liège, 77p.

72. Gildas Sylvère NGOMO (2016) ; *Compreender o conceito de consciência numa aula de filosofia no liceu: abordagem fenomenológica,* Master 2, Ecole Normale Supérieure, Libreville

73. Jacqueline FREYSSINET-DOMINJON, (1997) ; *Méthodes de recherches en Sciences sociales,* Paris (França), cours, AES, Montchrestien, 35p

74. Jean-Modeste MUSHIMIYIMANA (2020); *Temperatura da camada média de água no lago Kivu;* Kigali (Ruanda), Instituto Africano de Ciências Matemáticas (AIMS), Prémio de Mestrado em Ciências Matemáticas, 50p

75. Kaningini M, (1995) ; *Étude de la croissance, de la reproduction et de l'exploitation de Limnothrissa miodon au lac Kivu*, bassin de Bukavu (Zaïre). Tese de doutoramento em ciências, P. UN, UNECES, Namur.

76. Klaus Tietze (1978) ; *Geophysikalische untersuchung des Kivusees und seiner ungewöhnlichen Methangaslagerstätte - Schichtung*, Dynamik und Gasgehatt des Seewassers, PhD, Thesis, Christian-Albrechts-Universität, Kiel, Germany, 150p ;

77. Monlay Rachid LAAMARI (2016-2017), *Cours de chimie organique semestre 2 SVI*, Université CADI AYYAD, 68p

78. S.A, (2013) ; *L'analyse critique,* Montmorency, cours, (340-102), 4p

79. Sekimonyo Shamavu Christian (2022) ; *Seminário sobre a repartição dos blocos petrolíferos e de gás na República Democrática do Congo*. Universidade de Kinshasa: curso não publicado, 30p

80. Sekimonyo Shamavu Christian, (2023) *Método de investigação científica*, curso, EIRD/GL, Goma

4. DICIONÁRIOS E ENCICLOPÉDIAS

81. Dicionário Universal, 2010, 1551p

82. Larousse, dicionário Larousse júnior, 2009

83. Larousse, Petit Larousse en couleurs, 1988

84. [ème]Le Robert, Le Grand Robert, Alain Rey, 2 edição, versão eletrónica, 2005

85. S.A, Dicionário de Geologia

5. RELATÓRIOS E OUTROS DOCUMENTOS

86. ARRICAU Victor (2020), *Géohistoire des risques naturels de trois lacs de cratère emblématiques du Massif Central français (lacs Pavin, Tazenat et Issarlès)*, Rapport de stage, Master 2, Université de Toulouse, 103p

87. Autorité du Bassin du Lac Kivu et de la Rivière Ruzizi (ABAKIR) (2020), *Etude de Base du Bassin du Lac Kivu et de la rivière Ruzizi,* Rapport, 250p

88. BIKUMU F. M., (2005); *La problématique du déficit énergétique dans la sous-région des Grands-Lacs africains*, Pole Institute, 31p

89. Jean-Christophe SABROUX (2016), *La catastrophe du lac Nyos : de l'éruption limnique au dégazage contrôlé* ; RSN, CEA, Saclay, França, 18 de janeiro de 2016, Amphithéâtre SOLEIL, 1p

90. Klaus TIETZE (2000), *Lake Kivu Gas Development and promotion-related issues: safe and environmentally sound exploitation,* Relatório, República do Ruanda, Ministério da Energia, Água e Recursos Naturais, 2000, Kigali, 110 p.

91. Kling George, Sally MacIntyre, J0rgen S. Steenfelt e Finn Hirslund; (2006); *Lake Kivu Gas Extraction,* Report on Lake Stability, Relatório n° 62721-0001, 103p

92. Ministère de l'Administration du territoire, (28 de janeiro de 1994) ; *Rapport National des Activités liées à la décennie internationale de la prévention des catastrophes naturelles (DIPCN) au Cameroun*, Rapport, 9p

93. S.A. (2017), *a bússola*, módulo de formação, 15p

94. TIETZE, K., e E. MAIER-REIMER (1977). *Recherches Mathématiques-Physiques pour la Mise en Exploitation du Gisement de Gaz Méthane dans le Lac Kivu (Zaïre/Rwanda).* Relatório n° 76003, Bundesanstalt für Geowissenschaften und Rohstoffe, 2 volumes, Hanover, 180 p.

7. WEBOGRAFIA

95. îhttp://svt.ac-creteil.fr/?Les-eaux-troubles-du-lac-kivu, consultado em 05/09/2023

96. îhttps://mhalb.pagesperso-orange.fr/kivu/fr, empresa Data environnement, Michel Halbwachs

97. îhttps://static.fnac-static.com/multimedia/editorial/pdf/9782381820064.pdf, consultado em 06/09/2023

98. îhttps://www.scribbr.fr/methodologie/article-scientifique/discussion-article-scientifique/, publicado por Justine Debret, acedido em 22/09/2023

99. îhttps://www.scribbr.fr/methodologie/collecte-de-donnees/, publicado por Gaspard Claude, acedido em 17/09/2023

100. ↑www.chem.qmul.ac.uk, Queen Mary University of London, consultado em 21/06/2023

101. ↑www.hydrocarbures.gouv.cd, Ministério dos Hidrocarbonetos da RDC, consultado em 16/08/2023

102. Îwww.reflexions.uliege.be/cms/c 340052/en.les-secrets-du-lac-kivu, revisão publicada por Philippe Lecrenier, Université de Liège, consultada em 20/06/2023

103. ↑www.hanhimanti.com, publicado por Hanhimanti, acedido em 17/09/2023

104. îhttps://geo-ocean.fr, publicado em 06 de maio de 2022 e acedido em 23/09/2023

105. ↑www.larousse.fr, consultado em 16/06/2023 às 14:20

106. ↑www.lerobert.com, consultado em 16/06/2023 às 2:35 pm

107. îhttps://inis.iaea.org, consultado em 20/08/2023

108. twww.researchgate.com, consultado em 20/08/2023

109. twww.fnac.com, Alexandra Midael, 2009, consultado em 25/08/2023 às 23:50

110. ↑www.natura-sciences.com, consultado em 06/09/2023

111. ↑www.revues.cienceafrique.org, consultado em 07/09/2023

112. thttps://kivu-power.com, Kivu Power, consultado em 20/09/2023

113. thttps://ground.geophysicspr.com, consultado em 23/09/2023 às 8:40.

114. thttps://ressources.arcgis.com, consultado em 23/09/2023

115.   thttps://web.maths.unsw.edu.au, University of New South Wales, consultado em 23/08/2023 às 11:23.
116.   thttps://gps.gov/systems/gps/, consultado em 23/09/2023 às 11:27.
117.   thttps://businessyield.com, acedido em 23/09/2023 às 12:06pm.

Apêndice 1. Figura 14. Lagos africanos susceptíveis de erupção calcária

Fonte: Dangers inconcevables, p17. (https://static.fnac-static.com/multimedia/editorial/pdf/9782381820064.pdf, consultado em 06/09/2023) : Lagos meromícticos a laranja

Apêndice 2. Figura 15: Áreas em risco de erupção calcária

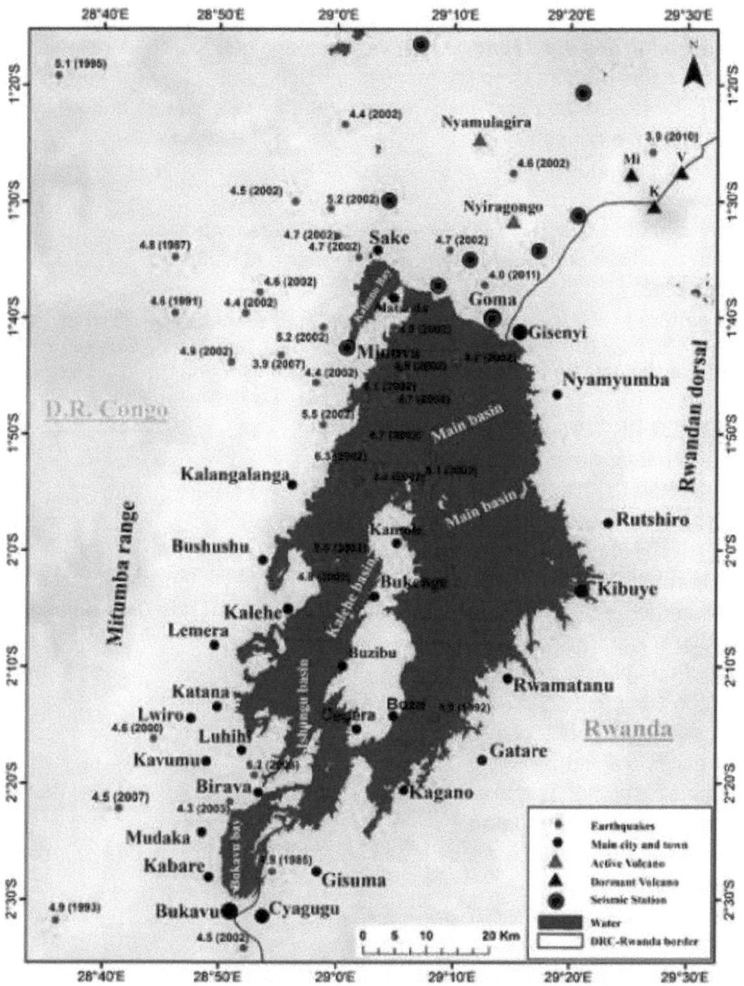

Fonte: www.researchgate.com, *acedido em 20 de agosto de 2023 às 21:00.*

QUESTIONÁRIO DO INQUÉRITO

No âmbito da nossa dissertação, estamos a realizar um estudo sobre *"O problema do gás do lago Kivu: um estudo comparativo com a erupção límnica do lago Nyos nos Camarões em 1986"*. É com este objetivo que lhe pedimos a gentileza de responder a estas perguntas no interesse da ciência.

Por isso, pedimos-lhe que nos ajude, respondendo às perguntas que se seguem de forma verdadeira e honesta.

Garantimos o seu anonimato.

Instruções :

- Assinala com uma cruz a caixa correspondente à tua resposta.

- Preencha as linhas pontilhadas com as suas próprias ideias.

I. IDENTIDADE

1. O seu género M F 2. A sua idade a) Menos de 18 anos b) 18 - 25 c) 26 - 30 d) 31 - 35 e) 36 - 40 f) 40 e mais 3. O seu estado civil: a) Solteiro b) Casado c) Viúvo d) Divorciado 4. Nível de instrução: a) Primário b) Secundário c) Licenciatura d) Bacharelato

II. QUESTÕES PROPRIAMENTE DITAS

1. Já ouviste falar da erupção do Ímio?

a) Sim ⌊⌋ b) Não ⌊

2. É <u>possível</u> uma <u>erupção</u> do limnique no Lago Kivu?

a) Sim ⌊, ⌋ b) Não ⌊⌋

Em caso afirmativo, indicar as razões e, em caso negativo, indicar as razões

3. Quais seriam as consequências (positivas e negativas) de uma erupção límnica do lago Kivu?

a) Morte de homens e animais por <u>asfixia</u>‾
b) Emissões de gases com efeito de estufa
c) Deslocação da população
d) Desequilíbrio ecológico
e) Doenças respiratórias e queimaduras
f) Perda de riqueza para o país

4. Como gerir e prevenir os riscos e as catástrofes decorrentes da erupção límnica do lago Kivu?

4.1. Como é que se gere o risco?

a) Afastar a população da zona de alto risco
b) Estudar a probabilidade de uma erupção límnica ^Z^Z
c) que vivem em zonas de grande altitude ^Z^Z
d) proibir as actividades agrícolas e <u>pastoris</u> nas zonas de alto risco

4.2 Como gerir as catástrofes? a) Isolar a zona afetada pelos vapores de gás b) Criar uma estrutura de gestão das catástrofes nas cidades circundantes c) Evacuar os feridos d) Tentar encontrar os sobreviventes e) Criar uma unidade de crise f) Criar um comité de assistência em caso de catástrofe g) Evacuar a população da zona de perigo h) Manter sinais de "perigo tóxico" i) Encontrar uma zona de reinstalação remota j) Outros a especificar .... 4.3. Como prevenir os riscos? a) Drenar o gás do lago Kivu b) Instalar estações sísmicas no lago c) Informar a população circundante dos eventuais riscos

4.4 Como evitar a catástrofe? a) Criar o projeto de desgaseificação do lago Kivu b) Extrair o gás metano c) Controlar regularmente o estado limnológico do lago

5. Quais são os factores endógenos, exógenos e heterogéneos comparativos entre o Lago Kivu e o Lago Nyos no que diz respeito à erupção calcária?
5.1. Factores endógenos a) Convergentes a. Ambos os lagos são meromícticos b. Elevadas concentrações de gases dissolvidos c. Alimentados por gás vulcânico d. Profundidade elevada b) Divergente e. O gás contido no lago Kivu é mil vezes superior ao contido em Nyos antes da catástrofe f. O lago Kivu é alimentado por fracturas vulcânicas, enquanto Nyos se encontra numa cratera g. Outros
....
5.2. Factores exógenos a) Convergentes a. Proximidade de zonas vulcânicas b. Terramotos b) Divergentes c. Deslizamentos de terras d. População circundante e. Fluxos de lava vulcânica 5.3. Factores heterogéneos a) Convergentes a. Desequilíbrio na tectónica de Planck b. Atividade vulcânica c. Sismos b) Divergentes d. Erupção vulcânica interna e. Alterações climáticas

Printed by Books on Demand GmbH, Norderstedt / Germany